物質・材料テキストシリーズ　　藤原毅夫・藤森　淳・勝藤拓郎 監修

計算分子生物学
物質科学からのアプローチ

田中　成典 著

内田老鶴圃

本書の全部あるいは一部を断わりなく転載または
複写(コピー)することは,著作権および出版権の
侵害となる場合がありますのでご注意下さい.

物質・材料テキストシリーズ発刊にあたり

　現代の科学技術の著しい進歩は，これまでに蓄積された知識や技術が次の世代に引き継がれて発展していくことの上に成り立っている．また，若い世代が先達の知識や技術を真剣に学ぶ過程で，好奇心・探求心が刺激され新しい発想が芽生えることが科学技術をさらに発展させてきた．蓄積された知識や技術の継承は世代間に限らない．現代の分化し専門化した様々な学問分野は常に再編や融合を模索しており，複数の既存分野の境界領域に多くの新しい発見や新技術が生まれる原動力となっている．このような状況においては，若い世代に限らず第一線で活躍する研究者・技術者も，周辺分野の知識と技術を学ぶ必要性が頻繁に生じてくる．とくに，科学技術を基礎から支える物質科学，材料科学は，物理学，化学，工学，さらには生命科学にわたる広範な学問分野にまたがっているため，幅広い知識と視野が必要とされ，基礎的な知識の十分な理解が必須となってきている．

　以上を背景に企画された本テキストシリーズは，物質科学，材料科学の研究を始める大学院学生，新しい研究分野に飛び込もうとする若手研究者，周辺分野に研究領域を広げようとする第一線の研究者・技術者が必要とする質の高い日本語のテキストを作ることを目的としている．科学技術の分野は国際化が進んでおり学術論文は大部分が英語で書かれているので，教科書・入門書も英語化が時代の流れであると考えがちである．しかし，母国語の優れた教科書はその国の科学技術水準を反映したもので，その国の将来の発展のポテンシャルを示すものでもある．大学院生や他分野の研究者の入門を目的とした優れた日本語のテキストは，我が国の科学技術の水準，ひいては文化水準を押し上げる役目を果たすと考える．

　本シリーズがカバーする主題は，将来の実用材料として期待されている様々な物質，興味深い構造や物性を示す物質・材料に加えて，物質・材料研究に欠かせない様々な測定・解析手法，理論解析法に及んでいる．執筆はそれぞれの分野において活躍されている第一人者にお願いし，「研究室に入ってきた学生

に最初に読ませたい本」を目指してご執筆いただいている．本シリーズが，学生，若手研究者，第一線の研究者・技術者が新しい分野を基礎から系統的に学ぶことの助けとなり，我が国の科学技術の発展に少しでも貢献できれば幸いである．

監修　藤原毅夫　藤森　淳　勝藤拓郎

まえがき

　本書は，物質科学に関する物理学・化学の知見を基礎として，いわゆる分子生物学の対象を理論計算的な手法で解析・記述することの初学者(ならびに異分野の専門家)への導入を目指したテキストである．20世紀において大きな科学的成果をもたらした原子論・分子論に立脚する物質科学をベースとして生命科学にアプローチするテキストを執筆できればと以前から漠然と考えてきたが，今回「物質・材料テキストシリーズ」の一環として上梓させていただく機会を得，その背景について一言述べさせていただきたい．

　21世紀初頭にヒトゲノムの解読が完了し，また，構造生物学や細胞生物学，さらにはデータサイエンス分野の急速な進展もあって，科学者・一般市民を問わず，生命科学への関心は昨今ますます高まっている．生体分子構造を解き明かすための放射光施設や核磁気共鳴などによる生体イメージング，低温電子顕微鏡等の技術開発に大型の科学技術予算が投入され，また，iPS細胞やゲノム編集などの新規技術にも一般の耳目が集まっている．書名に用いた「計算分子生物学」とは耳慣れない言葉だが，今回本書を執筆するにあたり，あらためて，生命を「記述」するとはそもそも何か，という基本的な問いに直面せざるを得なくなった．そして，その(当面の)回答としてはおそらく，「科学として万人が納得する普遍的形式は未だ確立していない」ということになるのであろう．医療や創薬への応用，あるいは基礎生物学として，状況や目的に応じて適切な「実用的」手法を選択する，というのが現状での優等生的な答えであろうか．

　「記述の形式」として本書が選んだのは，ボトムアップ的あるいは第一原理的な「物質科学」の形式である．これはある意味かなり過激な選択である．というのは，今まで「生命の理論」について思考してきた多くの研究者にとっては，「それはできない」という無謀な試みと言えるからである．生命には生命系特有の論理があり，それは，原子・分子から一歩ずつ積み上げていくような悠長なやり方ではいつまでたってもゴールに辿り着けないという「思想」は古くから生命系研究者の間に根強く存在してきた．だが，「非生命系」を扱う物

質・材料科学においては最もオーソドックスに思われるアプローチが，こと「生命系」に対しては最も挑戦的な試みになるという逆説的な展開に，筆者はむしろ科学の醍醐味のようなものを感じてしまう．この点については，本書の第 1 章ならびに第 7 章を参照されたい．

　本書は，主に物理学や化学の分野で物質世界の記述法を学んできた人たちや，あるいは情報科学や計算科学を専門としてきた人たちが，生命科学，特に分子生物学分野の様々な実際的なトピックスに理論・シミュレーション的な手法でアプローチする上での手引き・マップを提供することを一つの意図としている．もちろん，もともと生命科学分野に属する研究者が物質科学的なアプローチを学ぶ手引きとして使っていただくことも歓迎する．そのため，量子化学や分子シミュレーション・粗視化シミュレーションの基礎的な知識やノウハウをある程度丹念に述べた後，いくつかの応用事例に展開するという構成になっている．限られた紙幅もあり，また，広範な領域を対象とする「マップ」的な性格上，できるだけ全体的・俯瞰的な面を重視し，そのぶん数式の詳細な導出等をスキップした点が多々あることをご容赦願いたい．ただし，大学学部レベルの分子生物学，生化学，統計熱力学，量子力学等の基礎知識があれば，他の類書やインターネット情報などを援用することで，数式の導出を自ら行うことも可能であり，少なくとも数式の意味が直観的に理解でき，数式のギャップによる読者のストレスを最小限にするよう，できるだけ配慮したつもりである．これらの意図が十分果たされたかどうかについては，読者諸氏の忌憚のないご批判を仰ぎたいと思う．

　最後に，本書の執筆を薦めていただき，また原稿に対して的確なご意見・ご指摘をいただいた藤原毅夫東京大学名誉教授，ならびに，ともすれば遅れがちな執筆や校正作業を粘り強く見守り，励ましていただいた内田老鶴圃の内田学氏に心より感謝申し上げたい．さらに，本書で用いたいくつかの図の原図をご提供いただいた何名かの共同研究者の皆様のご好意にも感謝したい．

2018 年 10 月

田中　成典

目　　次

物質・材料テキストシリーズ発刊にあたり ………………………………… i
まえがき ……………………………………………………………………… iii

1　はじめに：計算分子生物学とは ……………………………………… 1
1.1　物質としての生命，情報としての生命 ………………………………… 1
1.2　ボトムアップとトップダウン・アプローチ ……………………………… 2
1.3　階層性と粗視化 ……………………………………………………………… 3
1.4　マルチスケールシミュレーションの道具立て ………………………… 4
1.5　システム的アプローチ ……………………………………………………… 7

2　量子化学の基礎と展開 ………………………………………………… 11
2.1　分子軌道法 …………………………………………………………………… 11
　　2.1.1　ハートリー–フォック法 ………………………………………… 11
　　2.1.2　ローターンの方法 ……………………………………………… 14
　　2.1.3　ハートリー–フォックエネルギーと電子相関エネルギー …… 15
2.2　電子相関と密度汎関数法 ………………………………………………… 17
2.3　フラグメント分子軌道法 ………………………………………………… 20
　　2.3.1　フラグメント分子軌道法の基礎 ……………………………… 20
　　2.3.2　フラグメント分子軌道法の展開 ……………………………… 25
2.4　生体分子の大規模第一原理シミュレーション：
　　　インフルエンザウイルス ………………………………………………… 26

3　古典力学的分子シミュレーション …………………………………… 37
3.1　分子動力学法と統計力学 ………………………………………………… 37
　　3.1.1　原子集団としての生体高分子 ………………………………… 37
　　3.1.2　自由エネルギー差の計算 ……………………………………… 38
　　3.1.3　統計分布の効率的な生成 ……………………………………… 40

- 3.2 分子モデリングと力場 ………………………………………………… 44
  - 3.2.1 原子間に働く力場 ………………………………………… 44
  - 3.2.2 力場の精度 ………………………………………………… 47
- 3.3 環境効果 ………………………………………………………………… 51
  - 3.3.1 溶媒効果：連続誘電体モデル …………………………… 51
  - 3.3.2 溶媒効果：分子モデル …………………………………… 56
  - 3.3.3 プロトン化状態 …………………………………………… 58
  - 3.3.4 温度と圧力の制御 ………………………………………… 60
- 3.4 生体分子ダイナミクスと機能解析 …………………………………… 64
  - 3.4.1 主成分解析 ………………………………………………… 64
  - 3.4.2 時間構造に基づいた独立成分分析 ……………………… 65
- 3.5 専用計算機によるタンパク質フォールディングのシミュレーション … 68

4 粗視化シミュレーション 73

- 4.1 粗視化の基本的考え方 ………………………………………………… 73
- 4.2 空間領域における粗視化 ……………………………………………… 75
  - 4.2.1 QM/MM法 ………………………………………………… 75
  - 4.2.2 粗視化力場 ………………………………………………… 77
  - 4.2.3 Goモデルによる粗視化シミュレーション：F_1-ATPアーゼ … 79
- 4.3 時間領域における粗視化：共鳴的振舞いの場合 …………………… 84
- 4.4 粗視化モデルの非平衡熱力学 ………………………………………… 90
- 4.5 細胞レベルのシミュレーション ……………………………………… 95

5 応用例I：構造ベース創薬 99

- 5.1 インシリコ創薬の基礎：リガンド結合自由エネルギー …………… 99
- 5.2 ヴァーチャル・スクリーニングとドッキング・シミュレーション … 103
- 5.3 リガンド相互作用解析とクラスタリング …………………………… 106
- 5.4 今後の課題 ……………………………………………………………… 113

6 応用例II：光合成系 117

- 6.1 光合成シミュレーションの考え方 …………………………………… 117

6.2 励起エネルギー移動と電子移動 ……………………………………… 120
　6.2.1 一般化されたマスター方程式 ……………………………… 120
　6.2.2 励起エネルギー移動 ………………………………………… 122
　6.2.3 フェルスターならびにデクスターの公式 ………………… 127
　6.2.4 電子移動とマーカスの公式 ………………………………… 129
　6.2.5 いくつかの数値結果 ………………………………………… 130
6.3 光合成のマルチスケールシミュレーション ………………………… 132
6.4 今後の課題 ……………………………………………………………… 139

7 おわりに：計算生命科学の統合シミュレーションに向けて ……… 143
7.1 「生命シミュレーション」が目指すもの …………………………… 143
7.2 あらためて「生命とは何か」………………………………………… 144

付録A 基底関数 ……………………………………………………………… 147
付録B 電子相関理論 ………………………………………………………… 149
付録C 自由エネルギー差に関する重み付きヒストグラム解析法 ……… 153
付録D 反応経路サンプリングの方法 ……………………………………… 155
付録E 水のモデルと水素結合 ……………………………………………… 157

索　引 …………………………………………………………………………… 161
欧字先頭索引 …………………………………………………………………… 168

第1章
はじめに：計算分子生物学とは

1.1 物質としての生命，情報としての生命

　本書では，生命現象をできるだけ原子・分子のミクロ（微視的）な立場から物理化学の基本法則に従って理論的にあるいは計算機シミュレーションによって説明・解明するための基本的な考え方やアプローチの方法を提供する．そのために，まず初めに，「生命現象」とは何か，あるいは遡って「生命」とは何か，についてのある程度のものの見方なり立場なりを明示しておく必要がありそうである．

　生命とは何か，あるいは逆に「非」生命とは何かを考えるときに重要な一つの視点は，生命系もまた，非生命系と同様に，原子・分子に対する物理・化学の基本法則に従う「物質」系にほかならないということである．したがって，第一の出発点として，生命系を構成する分子系を「物質」系として，非生命系と同様に物質科学的に扱っていく，という立場が当然あり得る．そこでは，物質科学や材料科学の通常のアプローチで見られるように，例えば物理化学的なエネルギー論を適用して「物質」としての安定性や応答・ダイナミクスを調べることが考えられる．いわば「もの」としての科学であり，分子生物学の一つの立場である構造生物学に対応しているとも言える．理論的アプローチあるいは計算機シミュレーションによる解析においては，従来の物質科学において開発されてきた手法が（非平衡開放系の記述に関する不十分さがあるにせよ）ほぼそのまま使えると考えてよいだろう．

　一方で，生命系が材料系と大きく異なる点として，その駆動力に「情報」が大きく関わっていることが挙げられる．すなわち，生命系では親から子へと引き継がれる遺伝情報がその機能の発現にとっては本質的であり，極端に言えば，生命現象は情報科学的に記述されるべきであるとも言える．物質としての生命系をいくら詳細に記述しても「生命」の本質には迫れないとする，いわば

「こと」としての科学の一面であり，21世紀以降急速な展開を見せている生命情報科学（バイオインフォマティクス）が部分的にではあれ，その領域をカバーしている．そこでは系のエネルギー（あるいはエンタルピー）的な側面よりも，むしろ情報（あるいはエントロピー）的な側面のほうに目が向けられることになる．こういった対比（物質 vs. 機能・情報）は，古くアリストテレス以来の質料 vs. 形相の対置・対概念，あるいは言語学や数理論理学における syntax（統語論）と semantics（意味論）の対比とも関係付けられよう．

以上の両方の側面をまず意識したうえで，生命を物質系・情報系の存在形式としてどのように特徴づけ，そして非生命系とどのように異なるのか，その普遍的形式を議論していくことが生命科学の大きな課題となっている．今世紀以降，特にその進展が著しい，システム的なアプローチ（後述）も問題解決の一つの鍵となるかもしれない．本書では，特に物質系としての側面に力点を置き，20世紀，とくに量子力学やそれに基づく物質・材料科学が急速な進展を見せた時代以降に蓄積された様々な解析手法を生命系の理解に適用していく具体的な手法について主に紹介したい．

1.2 ボトムアップとトップダウン・アプローチ

20世紀の物質科学・材料科学の大いなる進歩と発展を支えたのが，第一原理的なボトムアップ・アプローチである．物質を根源的に理解する視点として20世紀の前半に原子論が確立し，実験面ではナノメートル・スケールやフェムト秒スケールに至るミクロな計測技術が進展し，一方，理論的にはその定量的記述基盤としての量子力学が広範に応用展開された．現在，我々が目にするほとんどすべての物質現象を非相対論的あるいは相対論的な量子力学の手法で記述・理解し，またその物性を定量的に予言・設計することができると言っても過言ではない状況になりつつある．そこでは，記述したい物質系に対するミクロなハミルトニアンを用意し，それを量子力学的な手法（あるいは古典力学的な近似手法）で解く，という基本的な処方箋が確立している[1]．物理現象のもととなる要素に還元したモデルを作成できれば，そこからボトムアップ的にマクロな物性量を引き出すことが，20世紀後半以降の計算機（およびそこに実装されるソフトウェア）の進歩とも相俟って半ばルーティン的なプロトコルと

なっている．これはある意味，20世紀以降の科学技術における「要素還元主義」の勝利と言ってよいだろう．

このように「非生命系」の物質科学に対しては大きな成功を収めた第一原理的なボトムアップ・アプローチであるが，こと「生命系」の記述に関してはさほどの成功を収めているとは言い難いのが現状である．例えば，最も根本的な問いである「生命はどのように生まれたのか」についても現状の科学は満足な説明を与えることができない．発生や分化のメカニズムも物理化学的な立場からの理解にはほど遠い．それにはいくつかの理由が考えられ，またその理由の解明自体が大きな研究課題であるが，あえていくつか挙げるならば，生命系が本来的に外部環境との相互作用を前提とした非平衡開放系（太陽光を源としたエネルギーや情報の流れの中に生命は存在する）であること，生体分子・オルガネラ・細胞・組織・器官・個体・生態系といった階層構造を持ち，また部分と全体との間の相互作用やフィードバックが本質的であること，さらに，世代を超えて継承され進化する遺伝情報が生命機能の発現の重要な駆動力となっていること，などが挙げられよう．これらは量子力学や統計力学に基づく物質・材料科学の従来の理論展開ではかなり手薄だった領域であり，今後，生命系の記述を念頭に置いた理論やシミュレーション技術の開発が望まれるところである．例えば，上記の要素還元的なボトムアップ・アプローチに対比されるものとして，いわゆる「トップダウン」的なアプローチが考えられる．この思想を具現化するものとして，実際の観測事実に寄り添った現象論的な記述や（数理的な構造の類似性に依拠する）粗視化モデル・シミュレーション，システム的あるいは情報科学・データサイエンス的なアプローチ等が考えられ，今後こういった方向の手法開発が，従来のボトムアップ的な手法の洗練と融合して，生命科学における理論・計算機シミュレーションの次世代のフェーズを切り拓いていくことが期待される．

1.3 階層性と粗視化

前節で**ボトムアップ**というキーワードを挙げた．我々の住む宇宙・自然界の現象を理解するために，対象系をそれを形作る要素の集まりと見なし，その関係性や相互作用を規定し，また多数の自由度の絡み合いに由来する複雑性を人

間が扱える程度にまで「粗視化」し定量的に扱うということは，今まで物理学や化学が行ってきた営みの思想そのものと言っていいかもしれない．このようにして，例えば20世紀においては「くりこみ」のような概念が発明され，スピン系の相転移の記述などに適用されてマクロな磁性現象の理解等に大いに貢献した．また，単純なミクロ要素の組み合わせからは予想もつかないマクロな現象が現れ記述されることもしばしばあり，「創発(emergence)」といった言葉で表現された[2]．材料系を原子・分子の集合体と見なし，その電子の振舞いを量子力学により記述してマクロな物性値を定量的に説明・予言できることも，こうしたボトムアップ・アプローチの大いなる成功であった．

ところで，このような成功の一因となっているのが，こうした材料系の多くが原子・分子のミクロなレベルから我々が直接触れることのできるマクロなレベルまでスケールを一様に拡大可能であることであるが，一方，生命系においては，その仮定・前提が多くの場合成り立たない．例えば生物個体を考えても，タンパク質や核酸分子が支配する細胞(やその小器官オルガネラ)の世界から，それらが集まった組織・器官，そして個体へと明確に区切られた階層構造があり，細胞内の世界をそのまま一様に拡大して生物個体に至るわけではない．さらにまた，個体の集合体としての生態系やその地球・宇宙環境との相互作用系などを考えても，対象とするスケールごとに区切られた階層性が存在する．こういった非一様・不均一な階層・スケーリング構造はおそらく生命系の重要な本質であり，そのことが従来の物理学や化学の手法による理論的な取り扱いを極めて困難にしている．この生命系における階層性を適切に記述する理論やシミュレーションの方法を我々はまだ手にしていないと言えるのかもしれない．上で述べた「創発」性の持つ意味も生命系と非生命系では大きく異なるように思える．生命系における「創発」は，しばしば「生命」の存在そのものに言及して用いられる[3]．

1.4 マルチスケールシミュレーションの道具立て

ミクロからマクロまで，様々な空間・時間の階層をまたぎ連結する計算科学的アプローチは「マルチスケールシミュレーション」などと呼ばれるが，その意味するところは物質・材料系と生命系とでかなり異なる．また，例えば，地

球スケールでの気候シミュレーションもマルチスケールシミュレーションの一つであるが，系の構成要素・階層構造の非一様性や非平衡性，歴史性（非エルゴード性），カオス性の強さなどの点で，これはむしろ生命系のシミュレーションに近い感覚である．

　生命系，とくに生体系のマルチスケール計算機シミュレーションは現在のところ以下のようなコンセプトで構想されることが多い．

　まず，最もミクロな生体構成物質として，タンパク質，核酸，糖鎖，膜などの分子を考える．これら単独のユニットの性質を記述するために，これらの高分子を原子の集まりと見なし，さらに，原子を原子核と電子の集まりと見なす（要素還元的アプローチ）．原理的にこれらの対象の状態を量子力学で正確に記述することが可能で，通常，電子に対する非相対論的なシュレディンガー方程式を解くのが**第一原理**からのスタンダードなアプローチである．ただし，原子番号の大きな金属原子などが含まれる場合には，電子の運動速度は光速に近づき，相対論的なディラック方程式を解いたり，相対論的な補正を行う必要がある．一方，原子核は通常，古典力学的に扱って問題ないが，最も軽い水素原子の場合，その原子核（プロトン）は波動性を考慮して量子力学的に扱うのが望ましい場合もある．このように，生体高分子中の電子を，低分子と同様に量子力学的に扱って，エネルギーや電子軌道，電荷分布を求める手法に関しては第2章で論じる．また，そういった解析手法の創薬への応用については第5章で触れる．

　タンパク質や核酸分子に含まれるすべての電子を量子力学的に扱い，また原子核は（通常）古典力学的に扱って，ある初期条件を与えて原子（核）間に働く力を計算し，ニュートンの運動方程式などに基づいて運動のダイナミクスを追跡する（通常多くの場合，原子核の運動と電子の運動を分離するボルン-オッペンハイマー近似[4]が用いられる）ことは原理的に可能であり，実際，現代の高速計算機を用いてそのようなシミュレーションも行われている[5,6]．しかしながら，タンパク質や核酸分子があるサイズ以上になると，それらが機能を発現するナノ秒からマイクロ秒程度以上の時間スケールで第一原理動力学シミュレーションを実行することは現実的に難しくなり，何らかの形で電子の自由度を消去（粗視化）した計算手法が求められることになる．これを実現するのが，電子の自由度を原子間ポテンシャルの中に実効的にくりこんだ「力場」による古典

力学的な分子動力学(Molecular Dynamics；MD)シミュレーションであり，歴史的には，タンパク質や核酸などに対しては，こちらのシミュレーションのほうが先に行われた[7]．分子力場は，それに基づくMDシミュレーションの結果が実験を再現するように経験的に決めることもできるが，近年では，アミノ酸や塩基サイズの分子系に対する正確な量子化学計算が可能となっており，それにより得られたエネルギーや電子分布から力場の形を決めることも可能である．これは(ここで考える)最もミクロな電子の世界から，それよりサイズの大きい原子・分子の世界へのスケールアップであり，空間階層をまたいだ連結化・粗視化と言える．実応用に耐える精度を持った力場による古典力学的なMDシミュレーションは，タンパク質や核酸の分子レベルからの理論的な機能理解手段の花形であり，タンパク質工学や薬剤設計においても今や欠かせぬ道具の一つとなっている．また，これにより，生体分子系の統計熱力学的な記述が可能となる．この手法の詳細と適用に関しては，本書の第3章および第5章で論じる．

このように，現代の計算機技術を駆使して，タンパク質や核酸分子の分子動力学シミュレーションが世界各地で行われ，MD専用計算機などを用いると，マイクロ秒からミリ秒スケールのシミュレーションも可能となっている(3.5節参照)．比較的小型のタンパク質の畳み込み(フォールディング)現象や生体分子に結合するリガンド小分子のドッキングの記述なども実験と対比できる精度で実現されようとしている．しかしながら，平均サイズ以上のタンパク質のフォールディングに加え，巨大タンパク質やタンパク質複合体，あるいは核酸-タンパク質複合体などを対象としてマイクロ秒スケール以上の動力学シミュレーションを行うには最先端のスーパーコンピュータを用いても未だ困難[*1]であり，これらの理論解析には，さらなる粗視化が必要とされる．例えば，タンパク質のアミノ酸残基，あるいは核酸塩基・糖・リン酸基等を一つのユニットと見なし，それらの間に働く力を表現する「粗視化」力場を構成して

[*1] 仮に，後述(3.1)式のニュートンの運動方程式に基づいて時間刻み1フェムト秒(10^{-15} s)の1ステップの計算が何らかの計算機システム上で0.01秒で実行できるとして，1マイクロ秒(10^{-6} s)のトラジェクトリー(分子運動の軌跡)を得るには116日を要することになる．

シミュレーションを行うことなどが試みられており，全原子シミュレーションでは解析困難な現象の解明などに用いられている．その際用いられる力場としては，単に全原子シミュレーションの力場を数学的・物理的にまとめ上げるだけでなく，安定構造や自由エネルギー的な要請を満たすように関数形を新たに設定したものなどが使われ，例えば，タンパク質の3次元立体構造データベースである Protein Data Bank (PDB) に登録された実験構造を再現するようにバイアスをかけた Go モデル[8]などが有名である．これらの問題に関しては第4章で扱う．

1.5　システム的アプローチ

　全原子あるいは粗視化されたレベルで生体分子間の相互作用や反応が記述できたとき，そのエナジェティクスやカイネティクスの定量的な情報を用いて，細胞内ネットワークや細胞内装置(オルガネラ)の機能や応答をシミュレーションすることができる．例えば，代謝や光反応，シグナル伝達，遺伝情報発現などのネットワークに対する反応レート方程式が書ければ，その連立微分方程式を時間方向に積分することで，ネットワーク全体のダイナミクスを理論的に記述できる．この枠組は，現在のシステム生物学のコアとなる部分[9, 10]であり，反応速度定数(レート)は多くの場合に実験的に求められたり，あるいは分子レベルの計算・シミュレーションを通じて導出される．光合成系を例にとった具体的なケーススタディーは本書の第6章で示される．また，第5章で述べるインシリコ(計算)創薬において，現状では薬剤候補分子とターゲットタンパク質との間の結合に焦点を当てて研究が行われることが多いが，リガンド結合後の情報伝達ネットワークが生体反応の要諦となっていることは言うまでもない．

　システム的アプローチは細胞内反応だけでなく，多数の細胞からなる組織や臓器・器官，さらには生体一個体内における情報伝達や制御など，極めて広汎な記述・理解の理論的基盤を提供する．ここで重要なポイントは，記述の対象となる系(システム)がほとんどの場合，開放系で非平衡系であることである．光合成系を例にとると，システムは太陽光からのエネルギーの流れの中にある非平衡系であり，エネルギーやエントロピーを含む自由エネルギーはエキシトン(励起子)や電子やプロトン，各種化合物分子を介して受け渡され，一部は蓄

積されて(場合によっては他の生物との相互作用の中で)再利用され,最終的には地球環境を通して宇宙空間へと捨てられる.生命はその流れの中で,非可逆な,(宇宙年齢からすると)短い,いわば歴史的なシステムとして存在する.力学や電磁気学などの古典力学や,量子力学,統計力学,熱力学,流体力学などをベースとした現在の物理学の枠組がこういった「生命的」なダイナミクスを十分に記述できるだけの成熟度を有しているかどうかについては多くの議論があるが[11],本書ではその点については深くは問わず,現行の物理学や生化学を基盤とするシステム的なアプローチで記述可能な部分に焦点を絞る.実際,光合成や呼吸,その他各種生体反応や医療への応用[12-14]を含め,こうした限定的な適用で数多くの有用な知見が得られている.

第1章 参考文献

[1] 例えば,本「物質・材料テキストシリーズ」(内田老鶴圃)など.
[2] 内田慎一,「固体の電子輸送現象-半導体から高温超伝導体まで,そして光学的性質」,内田老鶴圃(2015).
[3] クリストフ・マラテール著,佐藤直樹訳,「生命起源論の科学哲学-創発か,還元的説明か」,みすず書房(2013).
[4] 藤原毅夫,「固体電子構造論-密度汎関数理論から電子相関まで」,内田老鶴圃(2015).
[5] P. Carloni, U. Rothlisberger, M. Parrinello, Acc. Chem. Res. **35**(2002)455.
[6] S. Tanaka, Y. Mochizuki, Y. Komeiji, Y. Okiyama, K. Fukuzawa, Phys. Chem. Chem. Phys. **16**(2014)10310.
[7] J. A. McCammon, B. R. Gelin, M. Karplus, Nature **267**(1977)585.
[8] H. Taketomi, Y. Ueda, N. Go, Intern. J. Pept. Prot. Res. **7**(1975)445.
[9] Uri Alon著,倉田博之,宮野悟訳,「システム生物学入門-生物回路の設計原理」,共立出版(2008).
[10] R. Eils, A. Kriete, ed., "Computational Systems Biology-From Molecular Mechanisms to Disease", 2nd ed., Academic Press, San Diego(2014).
[11] 例えば,R. Rosen, "Life Itself : A Comprehensive Inquiry into the Nature, Origin, and Fabrication of Life", Columbia University Press, New York(1991).
[12] 田中博,「生命進化のシステムバイオロジー-進化システム生物学入門」,日本評論社(2015).

[13] 田中博編著,「先制医療と創薬のための疾患システムバイオロジー–オミックス医療からシステム分子医学へ」,培風館(2012).
[14] 夏目やよい,水口賢司,日本薬理学雑誌 **149**(2017) 91.

第 2 章
量子化学の基礎と展開

　第 2 章では，まず物質科学の分子論的基盤となる量子化学の基礎を学ぶ．量子化学は，量子力学の基礎方程式であるシュレディンガー方程式(または，その相対論版であるディラック方程式)を分子系に適用するものである．本書では，分子を原子核と電子の集まりと見なし，その電子状態(本書では主にエネルギー最小の基底状態)を記述する(非相対論的な)分子軌道法から出発する．さらに，本章の後半では量子化学的手法を生体分子系に適用する事例についても紹介する．

2.1 分子軌道法

2.1.1 ハートリー-フォック法

　電荷 $-e$ と質量 m を持ち座標 r_i にある N_{elec} 個の電子と電荷 $Z_I e$ を持ち座標 R_I にある N_{nuc} 個の原子核からなる系のハミルトニアンを考える:

$$\hat{H} = -\sum_{i=1}^{N_{\text{elec}}} \frac{1}{2}\Delta_i - \sum_{i=1}^{N_{\text{elec}}}\sum_{I=1}^{N_{\text{nuc}}} \frac{Z_I}{|r_i - R_I|} + \sum_{i<j}^{N_{\text{elec}}} \frac{1}{|r_i - r_j|} + \sum_{I<J}^{N_{\text{nuc}}} \frac{Z_I Z_J}{|R_I - R_J|}. \quad (2.1)$$

ここで，原子核は古典粒子として扱い，原子単位($m = e = \hbar = 1$; $\hbar$ はプランク定数)を用いる．Δ_i は座標 r_i に対するラプラス演算子である．上式の右辺第 4 項は原子核同士の静電相互作用を表し，原子核の位置が固定されている場合は定数項として以下の議論では省略する．電子の座標として空間座標 r_i に加え，スピン座標 σ_i ($\sigma_i = \pm 1$; $+1$ は上向きスピン，-1 は下向きスピン状態を表す)を考え，合わせて $\xi_i = (r_i, \sigma_i)$ と表現する．フェルミ粒子である電子の波動関数の反対称性:

$$\Psi(\xi_1, \xi_2, ..., \xi_i, ..., \xi_j, ..., \xi_{N_{\text{elec}}}) = -\Psi(\xi_1, \xi_2, ..., \xi_j, ..., \xi_i, ..., \xi_{N_{\text{elec}}}) \quad (2.2)$$

をここでは 1 電子の分子軌道(分子全体に広がった電子の軌道)$\varphi_i(r)$ を用いた**スレーター行列式**により表現する．以下，簡単のため，閉殻電子構造を考え，上向き・下向きスピンの電子数がともに n 個で $N_{\text{elec}} = 2n$ であるとすると，

$\Psi(\xi_1, \xi_2, ..., \xi_{2n})$

$$= \frac{1}{\sqrt{(2n)!}} \begin{vmatrix} \varphi_1(\boldsymbol{r}_1)\alpha(\sigma_1) & \varphi_1(\boldsymbol{r}_1)\beta(\sigma_1) & \varphi_2(\boldsymbol{r}_1)\alpha(\sigma_1) & \cdots & \varphi_n(\boldsymbol{r}_1)\beta(\sigma_1) \\ \varphi_1(\boldsymbol{r}_2)\alpha(\sigma_2) & \varphi_1(\boldsymbol{r}_2)\beta(\sigma_2) & \varphi_2(\boldsymbol{r}_2)\alpha(\sigma_2) & \cdots & \varphi_n(\boldsymbol{r}_2)\beta(\sigma_2) \\ \cdots & \cdots & \cdots & \cdots & \cdots \\ \varphi_1(\boldsymbol{r}_{2n})\alpha(\sigma_{2n}) & \varphi_1(\boldsymbol{r}_{2n})\beta(\sigma_{2n}) & \varphi_2(\boldsymbol{r}_{2n})\alpha(\sigma_{2n}) & \cdots & \varphi_n(\boldsymbol{r}_{2n})\beta(\sigma_{2n}) \end{vmatrix}$$
(2.3)

となる．ここで，α, β はそれぞれ上向きと下向きのスピン波動関数を表し，スピン座標の関数として，$\alpha(1)=1$, $\alpha(-1)=0$, $\beta(1)=0$, $\beta(-1)=1$ である．

1電子軌道は規格直交条件：

$$\int \varphi_i^*(\boldsymbol{r})\varphi_j(\boldsymbol{r})\mathrm{d}\boldsymbol{r} = \delta_{ij} \tag{2.4}$$

を満たしているとする（*は複素共役）．また，スピン波動関数についても，スピン座標 σ_i に関する和をとって，

$$\int \alpha(\sigma)\alpha(\sigma)\mathrm{d}\sigma = \sum_{\sigma=\pm 1} \alpha(\sigma)\alpha(\sigma) = 1, \tag{2.5}$$

$$\int \beta(\sigma)\beta(\sigma)\mathrm{d}\sigma = \sum_{\sigma=\pm 1} \beta(\sigma)\beta(\sigma) = 1, \tag{2.6}$$

$$\int \alpha(\sigma)\beta(\sigma)\mathrm{d}\sigma = \sum_{\sigma=\pm 1} \alpha(\sigma)\beta(\sigma) = 0 \tag{2.7}$$

が成り立つ．

平均場近似の一種である**ハートリー-フォック**(Hartree-Fock；HF)**近似**[1-3]では，系の全電子エネルギーはスレーター行列式により，

$E = \langle \Psi | \hat{H} | \Psi \rangle$

$$= \int \Psi^*(\xi_1, \xi_2, ..., \xi_{2n}) \hat{H} \Psi(\xi_1, \xi_2, ..., \xi_{2n}) \mathrm{d}\xi_1 \cdots \mathrm{d}\xi_{2n} \tag{2.8}$$

と与えられる．ここで，規格化条件 $\langle \Psi | \Psi \rangle = 1$ を用いた．行列式を展開して計算すると，

$$E = 2\sum_{i=1}^{n} h_i + \sum_{i,j=1}^{n} (2J_{ij} - K_{ij}) \tag{2.9}$$

が得られる．ここで，

$$h_i = \int d\boldsymbol{r}\, \varphi_i^*(\boldsymbol{r}) \left\{ -\frac{1}{2}\Delta - \sum_{I=1}^{N_{\text{nuc}}} \frac{Z_I}{|\boldsymbol{r}-\boldsymbol{R}_I|} \right\} \varphi_i(\boldsymbol{r}), \tag{2.10}$$

$$J_{ij} = \int d\boldsymbol{r}_1 \int d\boldsymbol{r}_2\, \varphi_i^*(\boldsymbol{r}_1)\varphi_i(\boldsymbol{r}_1) \frac{1}{|\boldsymbol{r}_1-\boldsymbol{r}_2|} \varphi_j^*(\boldsymbol{r}_2)\varphi_j(\boldsymbol{r}_2), \tag{2.11}$$

$$K_{ij} = \int d\boldsymbol{r}_1 \int d\boldsymbol{r}_2\, \varphi_i^*(\boldsymbol{r}_1)\varphi_j(\boldsymbol{r}_1) \frac{1}{|\boldsymbol{r}_1-\boldsymbol{r}_2|} \varphi_j^*(\boldsymbol{r}_2)\varphi_i(\boldsymbol{r}_2) \tag{2.12}$$

であり，h_i を1電子積分と呼び，2電子積分 J_{ij}, K_{ij} をそれぞれクーロン積分，交換積分と呼ぶ．

次に，エネルギー E を最小にする1電子軌道の組 $\{\varphi_i(\boldsymbol{r})\}$ を求めよう．このようにして求めた分子軌道をエネルギーの低い順に（占有軌道として）用いてスレーター行列式を作れば，それは基底状態の波動関数をハートリー–フォック近似で求めたことになる．ラグランジュの未定乗数法を用い，$\{\varphi_i(\boldsymbol{r})\}$ の汎関数として与えた

$$L[\{\varphi_i(\boldsymbol{r})\}] = E[\{\varphi_i(\boldsymbol{r})\}] - \sum_{i,j} \varepsilon_{i,j} \left[\int \varphi_i^*(\boldsymbol{r})\varphi_j(\boldsymbol{r})\,d\boldsymbol{r} - \delta_{ij} \right] \tag{2.13}$$

に対し，変分（汎関数微分）条件：

$$\frac{\delta L}{\delta \varphi_i(\boldsymbol{r})} = 0 \tag{2.14}$$

により停留値を求める．未定乗数のエルミート行列 $\varepsilon_{i,j}$ を対角化する表示へユニタリー変換すると，**ハートリー–フォック方程式**：

$$\hat{F}\varphi_i(\boldsymbol{r}) = \varepsilon_i \varphi_i(\boldsymbol{r}) \tag{2.15}$$

が得られる（$i=1,2,...,n$）．ここで，

$$\hat{F} = \hat{h} + \sum_{j=1}^{n} (2\hat{J}_j - \hat{K}_j) \tag{2.16}$$

を**フォック演算子**と呼び，

$$\hat{h} = -\frac{1}{2}\Delta - \sum_{I=1}^{N_{\text{nuc}}} \frac{Z_I}{|\boldsymbol{r}-\boldsymbol{R}_I|} \tag{2.17}$$

を1電子演算子，

$$\hat{J}_j \varphi_i(\boldsymbol{r}) = \int d\boldsymbol{r}'\, \varphi_j^*(\boldsymbol{r}')\varphi_j(\boldsymbol{r}') \frac{1}{|\boldsymbol{r}-\boldsymbol{r}'|} \varphi_i(\boldsymbol{r}), \tag{2.18}$$

$$\hat{K}_j \varphi_i(\boldsymbol{r}) = \int d\boldsymbol{r}' \, \varphi_j^*(\boldsymbol{r}') \, \varphi_i(\boldsymbol{r}') \frac{1}{|\boldsymbol{r}-\boldsymbol{r}'|} \varphi_j(\boldsymbol{r}) \tag{2.19}$$

を与える2電子演算子 $\hat{J}_j, \hat{K}_j$ をそれぞれクーロン演算子, 交換演算子と呼ぶ. ε_i は各分子軌道のエネルギーと解釈される(後述).

2.1.2　ローターンの方法

ハートリー–フォック方程式を数値的に解くうえでは, 行列方程式に変換することが効率的である. 今, **基底関数**(付録 A 参照)$\chi_l(\boldsymbol{r})$ ($l=1,...,N_\text{basis}$) を導入して,

$$\varphi_i(\boldsymbol{r}) = \sum_{l=1}^{N_\text{basis}} C_{li} \chi_l(\boldsymbol{r}) \tag{2.20}$$

のように分子軌道を展開しよう. これをハートリー–フォック方程式(2.15)に代入し, 左から $\chi_k^*(\boldsymbol{r})$ を掛けて, $\boldsymbol{r}$ に関して積分すると,

$$\sum_l \left[(\chi_k|\hat{h}|\chi_l) + \sum_j \sum_{m,n} (2\langle \chi_k \chi_m | \chi_l \chi_n \rangle - \langle \chi_k \chi_m | \chi_n \chi_l \rangle) C_{mj}^* C_{nj} \right] C_{li}$$
$$= \varepsilon_i \sum_l \int d\boldsymbol{r} \chi_k^*(\boldsymbol{r}) \chi_l(\boldsymbol{r}) C_{li} \tag{2.21}$$

が得られる. ここで,

$$(\chi_k|\hat{h}|\chi_l) = \int d\boldsymbol{r} \chi_k^*(\boldsymbol{r}) \hat{h} \chi_l(\boldsymbol{r}), \tag{2.22}$$

$$\langle \chi_k \chi_m | \chi_l \chi_n \rangle = \int d\boldsymbol{r} \int d\boldsymbol{r}' \chi_k^*(\boldsymbol{r}) \chi_m^*(\boldsymbol{r}') \frac{1}{|\boldsymbol{r}-\boldsymbol{r}'|} \chi_l(\boldsymbol{r}) \chi_n(\boldsymbol{r}') \tag{2.23}$$

を定義した.

さらに, 以下のような行列表記を導入する:

$$(\boldsymbol{F})_{kl} = (\chi_k|\hat{h}|\chi_l) + \sum_j \sum_{m,n} (2\langle \chi_k \chi_m | \chi_l \chi_n \rangle - \langle \chi_k \chi_m | \chi_n \chi_l \rangle) C_{mj}^* C_{nj}, \tag{2.24}$$

$$(\boldsymbol{S})_{kl} = \int d\boldsymbol{r} \chi_k^*(\boldsymbol{r}) \chi_l(\boldsymbol{r}), \tag{2.25}$$

$$(\boldsymbol{C})_{li} = C_{li}, \tag{2.26}$$

$$(\boldsymbol{\varepsilon})_{ij} = \varepsilon_i \delta_{ij}. \tag{2.27}$$

ここで, $\boldsymbol{F}, \boldsymbol{S}, \boldsymbol{C}, \boldsymbol{\varepsilon}$ をそれぞれ, フォック行列, 重なり行列, 分子軌道係数行列, 軌道エネルギー行列と呼ぶ. このとき, (2.21)式は,

$$FC = SC\varepsilon \tag{2.28}$$

と表され，これを**ローターン方程式**という．$(\chi_k|\hat{h}|\chi_l)$, $\langle \chi_k\chi_m|\chi_l\chi_n \rangle$, $(S)_{kl}$ は基底関数が与えられれば計算できるので，(2.28)式は C と ε を決める固有値方程式と見なせ，これを解くことで分子軌道とそのエネルギーが定まる．ただし，F の中には C が含まれるので，C は繰り返し法(iteration)などを用いて自己無撞着(self-consistent)に決定される必要がある．

2.1.3 ハートリー-フォックエネルギーと電子相関エネルギー

ハートリー-フォック(HF)近似で求められた(2.9)式のエネルギーをハートリー-フォックエネルギー E_{HF} と呼ぶ．これは基底状態にある系の全電子エネルギーのよい近似値を与える(平均場近似)が，その誤差が化学的に重要となる場合も多く，その差分を**電子相関エネルギー**と定義する．以下ではそれを，ハートリー-フォック(HF)基底状態からの摂動補正として求めてみよう．

まず，ハートリー-フォック(HF)方程式(2.15)の両辺に左から $\varphi_i^*(r)$ を掛けて r で積分すると，

$$\varepsilon_i = h_i + \sum_{j=1}^{n}(2J_{ij} - K_{ij}) \tag{2.29}$$

が得られ，これは各分子軌道のエネルギー(軌道エネルギー)を表す．上向きスピンの電子と下向きスピンの電子が同数ある閉殻系 $(N_{\text{elec}} = 2n)$ を考え，すべての軌道エネルギーを足し合わせると，

$$2\sum_{i=1}^{n}\varepsilon_i = 2\sum_{i=1}^{n}h_i + 2\sum_{i,j=1}^{n}(2J_{ij} - K_{ij}) \tag{2.30}$$

となる．これが(2.9)式の E_{HF} と一致しないのは，電子間相互作用の項が二重に数えられているからである．

さて，電子相関エネルギーを摂動法で評価するために，(2.1)式のハミルトニアンを

$$\hat{H} = \hat{H}_0 + \hat{V} \tag{2.31}$$

と分割し，非摂動部分を(2.16)式のフォック演算子の和，

$$\hat{H}_0 = \sum_{i=1}^{N_{\text{elec}}} \hat{F}_i \tag{2.32}$$

で表すことにする.摂動部分は
$$\hat{V} = \hat{H} - \hat{H}_0 \tag{2.33}$$
であるが,1電子演算子部分は $\hat{H}$ と $\hat{H}_0$ で共通なので,
$$\hat{V} = \sum_{i<j}^{N_{\text{elec}}} \frac{1}{|\boldsymbol{r}_i - \boldsymbol{r}_j|} - \sum_{i=1}^{N_{\text{elec}}} \hat{F}_i^{(2)} \tag{2.34}$$
となる.ここで,$\hat{F}_i^{(2)}$ はフォック演算子の2電子演算子部分を表す.

$\hat{H}_0$ に対する非摂動固有状態として HF 基底状態を選び,それを $|0\rangle$ と表記する.また,HF 法で得られる分子軌道の(非占有軌道を取り入れた)励起配置を $|\mu\rangle$ と表す.このとき,量子力学の摂動法により,閉殻系での0次と1次のエネルギーは,それぞれ,
$$E_0^{(0)} = \langle 0|\hat{H}_0|0\rangle = 2\sum_{i=1}^{n} \varepsilon_i, \tag{2.35}$$
$$E_0^{(1)} = \langle 0|\hat{V}|0\rangle = -\sum_{i,j=1}^{n} (2J_{ij} - K_{ij}) \tag{2.36}$$
となり,1次のエネルギー補正まで含めた $E_0^{(0)} + E_0^{(1)}$ がハートリー–フォックエネルギー E_{HF} と等しい.

量子力学の摂動法によれば,2次のエネルギー補正は
$$E_0^{(2)} = \sum_{\mu} \frac{|\langle 0|\hat{V}|\mu\rangle|^2}{E_0^{(0)} - E_\mu^{(0)}} \tag{2.37}$$
と与えられる.ここで,$E_\mu^{(0)}$ は励起配置 $|\mu\rangle$ の0次エネルギーである.HF 基底状態 $|0\rangle$ はフォック演算子の固有状態なので,行列要素 $\langle 0|\hat{V}|\mu\rangle$ においては(2.34)式の第1項の電子間2体クーロン相互作用の項のみ寄与する.そのとき,行列要素として残るのは2電子励起の寄与のみであることが言える.したがって,HF 基底状態の二つの占有 (occ.) 分子軌道を i, j,二つの非占有 (unocc.) 分子軌道を a, b として,(2.37)式は
$$E_0^{(2)} = \sum_{i<j}^{\text{occ.}} \sum_{a<b}^{\text{unocc.}} \frac{|\langle ij|ab\rangle - \langle ij|ba\rangle|^2}{\varepsilon_i + \varepsilon_j - \varepsilon_a - \varepsilon_b} \tag{2.38}$$
となる.ここで,
$$\langle ij|ab\rangle = \int d\xi_1 \int d\xi_2\, \tilde{\varphi}_i^*(\xi_1)\, \tilde{\varphi}_j^*(\xi_2) \frac{1}{|\boldsymbol{r}_1 - \boldsymbol{r}_2|} \tilde{\varphi}_a(\xi_1)\, \tilde{\varphi}_b(\xi_2) \tag{2.39}$$

であり，$\bar{\varphi}(\xi)$ は分子軌道の空間部分 $\varphi(\boldsymbol{r})$ とスピン部分 (α あるいは β) の積を表している．(2.38)式はさらに，

$$\begin{aligned}E_0^{(2)} &= \frac{1}{4}\sum_{i,j}^{\text{occ.}}\sum_{a,b}^{\text{unocc.}}\frac{|\langle ij|ab\rangle - \langle ij|ba\rangle|^2}{\varepsilon_i+\varepsilon_j-\varepsilon_a-\varepsilon_b} \\ &= \frac{1}{2}\sum_{i,j}^{\text{occ.}}\sum_{a,b}^{\text{unocc.}}\frac{\langle ij|ab\rangle(\langle ab|ij\rangle - \langle ab|ji\rangle)}{\varepsilon_i+\varepsilon_j-\varepsilon_a-\varepsilon_b}\end{aligned} \quad (2.40)$$

のようにも表され，さらに閉殻電子系 ($N_{\text{elec}}=2n$) の場合，スピン波動関数の正規直交性(2.5)-(2.7)式に注意すると，

$$E_0^{(2)} = \sum_{i,j=1}^{n}\sum_{a,b}^{\text{unocc.}}\frac{\langle ij|ab\rangle(2\langle ab|ij\rangle - \langle ab|ji\rangle)}{\varepsilon_i+\varepsilon_j-\varepsilon_a-\varepsilon_b} \quad (2.41)$$

が得られる．ただし，(2.41)式における $\langle ij|ab\rangle$ に対しては，(2.39)式における空間部分のみを考えるものとする．このようにして得られた $E_0^{(2)}$ を**メラー‒プレセットの2次摂動(MP2)法**[2,3]による電子相関エネルギーと呼ぶ．実際の計算では，(2.20)式の基底関数展開を用いる．この定式化は比較的単純であるが，2電子の仮想的な励起の効果が含まれているため，非極性分子間に働く分散力(ファン・デル・ワールス力)のような弱い相互作用[4]も定量的に表現することができる．3次以上の摂動補正に関しては他の成書[2,3]等を参照されたい．

なお，HF法やMP2法で得られるエネルギー値の精度は(2.20)式で導入された基底関数の精度にもより，付録Aでその実用上の要点について触れておく．また，上では分子系のエネルギーを計算する方法について述べたが，これを原子核の座標で微分することでその原子に働く力を求めることができる．これは分子構造のエネルギー的に最安定な状態を求めたり(構造最適化)，分子動力学計算を行う際の基盤となる．

2.2 電子相関と密度汎関数法

前節の最後で触れたように，分子間の相互作用を正確に記述するためには，平均場近似であるハートリー‒フォック(HF)近似を超えた電子相関効果の考慮が必要である．HF近似を出発点とする波動関数に基づく方法では電子相関効

果を系統的に取り入れて記述を改善することができるが，扱う電子数が増えると計算コストが莫大になるという問題がある．例えば，MP2法の計算コストは電子数あるいは基底関数の数のほぼ5乗に比例して増加することが知られており，さらに高次の摂動法や，他の電子相関理論である**配置間相互作用**(Configuration Interaction; CI)**法**や**結合クラスター**(Coupled Cluster; CC)**法**(付録B 参照)ではそれ以上のコストとなる．一方，電子数が増えても比較的計算コストが増大しない計算手法として，**密度汎関数法**(Density Functional Theory; DFT)[5,6]が知られている．この方法の要諦は，N 個の電子座標に依存する波動関数ではなく，3次元座標に依存する電子密度を中心的な物理変数と考えることで，本質的な自由度の大幅な縮約を目指す点にある．

密度汎関数法の基礎となるのは，以下に述べる**ホーエンベルク-コーンの定理**[7]であり，それは二つの主定理から構成される．

(第1定理)
ある系の基底状態の電子密度が決まると，それを基底状態に持つ外部ポテンシャルがもし存在すれば，それはただ一通りに定まる．したがって，その外部ポテンシャルから導かれるハミルトニアンのシュレディンガー方程式を解くことにより，その外部ポテンシャルのもとで許される電子系の波動関数がわかり，すべての物理量を求めることができる．

(第2定理)
外部ポテンシャルをパラメターに持つ電子密度のエネルギー汎関数が存在して，この汎関数は与えられた外部ポテンシャルのもとでの基底状態の電子密度において最小値(基底状態のエネルギー)を持つ．したがって，電子密度関数を変化させて最小のエネルギーを与える電子密度を探索すれば，基底状態の電子密度を求めることができる．

この定理に基づき，コーン(Kohn)ら[8]は具体的に多電子系の計算を行う方法を提案した．彼らは，第2定理におけるエネルギー汎関数として，軌道 $\varphi_i(\boldsymbol{r})$ の和として表される電子密度

$$\rho(\boldsymbol{r}) = \sum_i \varphi_i^*(\boldsymbol{r}) \varphi_i(\boldsymbol{r}) \qquad (2.42)$$

により与えられる

$$E[\rho(\boldsymbol{r})] = \sum_i \int \mathrm{d}\boldsymbol{r}\, \varphi_i^*(\boldsymbol{r}) \left(-\frac{1}{2}\Delta\right) \varphi_i(\boldsymbol{r})$$
$$+ \int \mathrm{d}\boldsymbol{r}\, \rho(\boldsymbol{r}) V(\boldsymbol{r}) + J[\rho(\boldsymbol{r})] + E_{\mathrm{xc}}[\rho(\boldsymbol{r})] \quad (2.43)$$

を考えた.ここで,右辺第1項は電子の運動エネルギーを表し,第2項め以降で,

$$V(\boldsymbol{r}) = -\sum_{\mathrm{I}} \frac{Z_{\mathrm{I}}}{|\boldsymbol{r} - \boldsymbol{R}_{\mathrm{I}}|} \quad (2.44)$$

は $\boldsymbol{R}_{\mathrm{I}}$ にある電荷 Z_{I} を持つ原子核からの外部ポテンシャル,電子密度の汎関数 $J[\rho(\boldsymbol{r})]$ は電子間のクーロンポテンシャルエネルギーであり,汎関数 $E_{\mathrm{xc}}[\rho(\boldsymbol{r})]$ はそれ以外の寄与をまとめて**交換相関エネルギー**と呼ばれる.

このエネルギー E を最小にする $\{\varphi_i(\boldsymbol{r})\}$ は,2.1.1 節の (2.13),(2.14) 式と同様に拘束条件付きの変分原理により求めることができ,その結果,ハートリー–フォック方程式と類似した形の**コーン–シャム方程式**:

$$\left[-\frac{1}{2}\Delta + V_{\mathrm{eff}}(\boldsymbol{r})\right] \varphi_i(\boldsymbol{r}) = \varepsilon_i \varphi_i(\boldsymbol{r}), \quad (2.45)$$

$$V_{\mathrm{eff}}(\boldsymbol{r}) = V(\boldsymbol{r}) + \int \mathrm{d}\boldsymbol{r}' \frac{\rho(\boldsymbol{r}')}{|\boldsymbol{r} - \boldsymbol{r}'|} + V_{\mathrm{xc}}(\boldsymbol{r}), \quad (2.46)$$

$$V_{\mathrm{xc}}(\boldsymbol{r}) = \frac{\delta E_{\mathrm{xc}}[\rho(\boldsymbol{r})]}{\delta \rho(\boldsymbol{r})}, \quad (2.47)$$

が得られる.ここで,$V_{\mathrm{xc}}(\boldsymbol{r})$ は交換相関ポテンシャルと呼ばれる.$E_{\mathrm{xc}}[\rho(\boldsymbol{r})]$ あるいは $V_{\mathrm{xc}}(\boldsymbol{r})$ が具体的にどのように表されるかは未知であるが,仮にこれらが与えられれば,$\varphi_i(\boldsymbol{r})$, ε_i, $\rho(\boldsymbol{r})$ を求めることができ,ハートリー–フォック法と同様に,系の電子状態・エネルギーが決定される.$\varphi_i(\boldsymbol{r})$ と ε_i は物理量 $\rho(\boldsymbol{r})$ を決めるための補助的な変数と見なせ,それぞれコーン–シャム軌道およびその軌道エネルギーと呼ばれる.

上で述べた密度汎関数法(DFT)の計算精度は E_{xc} の精度に依存し,E_{xc} を電子密度の関数としてどのように表現するかに関しては長い研究の歴史がある.最も簡単な方法の一つとして,交換相関エネルギーが密度の局所的な関数として書けるとして,

$$E_{\mathrm{xc}} = \int \mathrm{d}\boldsymbol{r}\, \rho(\boldsymbol{r}) \varepsilon_{\mathrm{xc}}[\rho(\boldsymbol{r})] \quad (2.48)$$

と表す**局所密度近似**(Local Density Approximation；LDA)がしばしば用いられる．ここで，ε_{xc} は一様電子ガスの1電子当たりの交換相関エネルギーであり，密度 ρ におけるその値は量子モンテカルロ法[9]などにより求められている．LDA やその密度勾配補正を取り入れた DFT 法は金属や半導体の物性計算に広く用いられ，ある程度の成功を収めてきた[6]．しかしながら，いわゆる強相関電子系や分散力が重要となる系などに適用された場合，バンド構造や凝集・結合エネルギーの記述が不正確(場合によっては定性的にも破綻)となる問題がある．これらの点の改良のために，上のような DFT 汎関数とハートリー–フォック型の交換相互作用ポテンシャルを組み合わせたハイブリッド汎関数や分散力補正汎関数などが開発されており[10]，生体分子系の電子状態計算にも用いられている．また，DFT 法によるタンパク質の電子状態計算を目的としたソフトウェアとして ProteinDF[11]なども開発されている．

2.3 フラグメント分子軌道法

2.3.1 フラグメント分子軌道法の基礎

2.1節で取り上げたハートリー–フォック(HF)法やメラー–プレセット(MP)摂動法，あるいは2.2節で取り上げた密度汎関数(DFT)法などの電子状態計算法では一般に計算コストが電子数(あるいは基底関数の数)の3乗以上に比例するため，そのままの形でタンパク質などの生体高分子へ適用することは現実的ではない．**フラグメント分子軌道**(Fragment Molecular Orbital；FMO)**法**[12-16]は，巨大分子系を比較的小さなフラグメントの集まりに分割して並列処理を行うことで，この困難を解決する．今，電荷 $-e$ を持ち座標 r_i にある電子と電荷 $Z_A e$ を持ち座標 R_A にある原子核からなる系を考えよう．このとき，全系を添字 I で表される N_f 個のフラグメント(モノマー)の集合に分割する(図2.1)．以下，まず簡単のため，フラグメント・ペア(ダイマー)までの計算を考慮する FMO2 法[16]について述べる．フラグメント・モノマー (I)，フラグメント・ダイマー (IJ) のハミルトニアンとして，

$$\hat{H}_I = \sum_{i \in I} \left[-\frac{1}{2}\Delta_i - \sum_A \frac{Z_A}{|r_i - R_A|} + \sum_{J \neq I}^{N_f} \int dr' \frac{\rho_J(r')}{|r_i - r'|} \right] + \sum_{i \in I} \sum_{i > j \in I} \frac{1}{|r_i - r_j|},$$

2.3 フラグメント分子軌道法

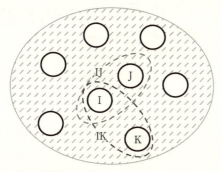

図 2.1 フラグメント分子軌道(FMO)法におけるフラグメント分割の概念図. 巨大な分子系を多数のフラグメント I, J, K, ... に分割し, フラグメント・モノマー (I, J, K, ...), ダイマー (IJ, IK, ...), トリマー (IJK, ...), などに対する MO 計算をそれ以外のフラグメントからの環境静電ポテンシャルを考慮しつつ行う.

$$\hat{H}_{\mathrm{IJ}} = \sum_{i \in \mathrm{I,J}} \left[-\frac{1}{2}\Delta_i - \sum_{\mathrm{A}} \frac{Z_{\mathrm{A}}}{|\bm{r}_i - \bm{R}_{\mathrm{A}}|} + \sum_{\mathrm{K} \neq \mathrm{I,J}}^{N_f} \int d\bm{r}' \frac{\rho_{\mathrm{K}}(\bm{r}')}{|\bm{r}_i - \bm{r}'|} \right] \quad (2.49)$$

$$+ \sum_{i \in \mathrm{I,J}} \sum_{i > j \in \mathrm{I,J}} \frac{1}{|\bm{r}_i - \bm{r}_j|} \quad (2.50)$$

を考える. ここで, 2.1 節同様, 原子核は古典粒子として扱い, 原子単位 ($m = e = \hbar = 1$) を用いており, I, J, K は異なるフラグメントを表し, $\rho_{\mathrm{J}}(\bm{r}')$ はフラグメント J に含まれる電子の座標 $\bm{r}'$ での密度を表す. そして, 各フラグメント・モノマーとダイマーのエネルギーと波動関数を以下のシュレディンガー方程式に基づいて求めることとする:

$$\hat{H}_{\mathrm{I}} \Psi_{\mathrm{I}} = E_{\mathrm{I}} \Psi_{\mathrm{I}}, \quad (2.51)$$

$$\hat{H}_{\mathrm{IJ}} \Psi_{\mathrm{IJ}} = E_{\mathrm{IJ}} \Psi_{\mathrm{IJ}}. \quad (2.52)$$

FMO2 法では, このとき, 全系の電子エネルギー E と電子密度 $\rho(\bm{r})$ を

$$E \simeq \sum_{\mathrm{I} > \mathrm{J}} E_{\mathrm{IJ}} - (N_f - 2) \sum_{\mathrm{I}} E_{\mathrm{I}}, \quad (2.53)$$

$$\rho(\bm{r}) \simeq \sum_{\mathrm{I} > \mathrm{J}} \rho_{\mathrm{IJ}}(\bm{r}) - (N_f - 2) \sum_{\mathrm{I}} \rho_{\mathrm{I}}(\bm{r}) \quad (2.54)$$

のように近似的に求める.

以下，閉殻電子系を考えることにすると，FMO2法におけるハートリー-フォック-ローターン方程式は次のようになる：

$$F^\lambda C^\lambda = S^\lambda C^\lambda \varepsilon^\lambda. \tag{2.55}$$

ここで，$\lambda = \mathrm{I}$（フラグメント・モノマー）あるいは$\lambda = \mathrm{IJ}$（フラグメント・ダイマー）とする．このとき，フォック行列F^λは以下のように表される．

$$F^\lambda = H^\lambda + G^\lambda, \tag{2.56}$$

$$H_{kl}^\lambda = H_{kl}^{\mathrm{core},\lambda} + V_{kl}^\lambda + \sum_i B_i \langle k|\theta_i\rangle\langle\theta_i|l\rangle, \tag{2.57}$$

$$H_{kl}^{\mathrm{core},\lambda} = (\chi_k|\hat{h}^\lambda|\chi_l) = \langle k|\hat{h}^\lambda|l\rangle = \int d\boldsymbol{r}\, \chi_k^*(\boldsymbol{r})\hat{h}^\lambda \chi_l(\boldsymbol{r}), \tag{2.58}$$

$$V_{kl}^\lambda = \sum_{K\neq\lambda}(u_{kl}^K + v_{kl}^K), \tag{2.59}$$

$$u_{kl}^K = \sum_{A\in K}\left\langle k\left|\frac{-Z_A}{|\boldsymbol{r}-\boldsymbol{R}_A|}\right|l\right\rangle, \tag{2.60}$$

$$v_{kl}^K = \sum_{m,n\in K} P_{mn}^K \langle \chi_k \chi_m | \chi_l \chi_n\rangle, \tag{2.61}$$

$$P_{kl}^\lambda = 2\sum_j^{\mathrm{occ.}} C_{kj}^{\lambda*} C_{lj}^\lambda, \tag{2.62}$$

$$G_{kl}^\lambda = \sum_{m,n\in\lambda} P_{mn}^\lambda \left[\langle \chi_k \chi_m|\chi_l \chi_n\rangle - \frac{1}{2}\langle \chi_k \chi_m|\chi_n \chi_l\rangle\right]. \tag{2.63}$$

ここで，$H^{\mathrm{core},\lambda}$はフラグメント$\lambda$内の1電子演算子，$V^\lambda$は$\lambda$以外のフラグメントからの静電環境ポテンシャル，$P^\lambda$は密度行列を表す．$G^\lambda$はフラグメント$\lambda$内の2電子演算子である．また，(2.57)式の右辺第3項は軌道θ_iを変分空間から除くための射影（シフト）演算子であり，B_iの値としては通常10^6程度が選ばれる．FMO法においては，化学結合（ボンド）のある場所でのフラグメント分割は通常，sp^3軌道を持つ炭素の位置で行う[16,17]．**図2.2**にポリペプチドの場合が示されており，この場合のフラグメント分割サイトのC_α原子をBond Detached Atom (BDA)と呼ぶ．sp^3炭素をBDAに選んだ場合，軌道θ_iとしてはC-H距離を1.09 Åとしたメタン分子の自然局在分子軌道が使われる．図2.2において，BDAを含むフラグメントをI，それに隣接する，BDAと結合する原子（Bond Attached Atom; BAA）を含むフラグメントをI+1と

2.3 フラグメント分子軌道法

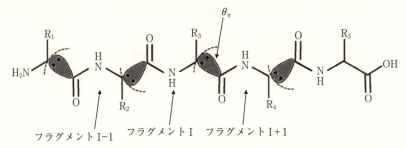

図 2.2 フラグメント分子軌道(FMO)法におけるポリペプチドに対するフラグメント分割．1アミノ酸残基を1フラグメント（フラグメントI−1, I, I+1で区別）とした場合を示しており，フラグメントの境界にある（Rで表されたアミノ酸側鎖と結合した）α炭素(C_α)がこの場合のBond Detached Atom(BDA)である．射影演算子で除かれる軌道 θ_η が対電子(..)とともに明示されている．

すると，軌道 $\{\theta_i\}$ の一つ θ_η がBDAからBAAに向かうボンドの向きに添って伸びるように分子軌道を回転させる．このようにして，フラグメントIに対する軌道 θ_η の寄与，ならびにフラグメントI+1に対する θ_η 以外の軌道の寄与はなくなる．以上のようにして，フラグメント・モノマー，ダイマーに対するシュレディンガー方程式(2.51)，(2.52)が近似的に解かれる．

ここで，FMO2法における全系の電子エネルギーを以下のように書き換える（trはトレースを表す）．

$$\begin{aligned}
E^{\mathrm{FMO2}} &= \sum_{\mathrm{I>J}} E_{\mathrm{IJ}} - (N_f - 2) \sum_{\mathrm{I}} E_{\mathrm{I}} \\
&= \sum_{\mathrm{I>J}} (E_{\mathrm{IJ}} - E_{\mathrm{I}} - E_{\mathrm{J}}) + \sum_{\mathrm{I}} E_{\mathrm{I}} \\
&= \sum_{\mathrm{I>J}} (E'_{\mathrm{IJ}} - E'_{\mathrm{I}} - E'_{\mathrm{J}}) + \sum_{\mathrm{I>J}} (V_{\mathrm{IJ}} - V_{\mathrm{I}} - V_{\mathrm{J}}) + \sum_{\mathrm{I}} E'_{\mathrm{I}} + \sum_{\mathrm{I}} V_{\mathrm{I}} \\
&= \sum_{\mathrm{I}} E'_{\mathrm{I}} + \sum_{\mathrm{I>J}} [\Delta E'_{\mathrm{IJ}} + \mathrm{tr}(\Delta \boldsymbol{P}^{\mathrm{IJ}} \boldsymbol{V}^{\mathrm{IJ}})]. \quad (2.64)
\end{aligned}$$

ただし，この式において，

$$E'_\lambda = E_\lambda - V_\lambda, \qquad (2.65)$$

$$V_\lambda = \mathrm{tr}(\boldsymbol{P}^\lambda \boldsymbol{V}^\lambda), \qquad (2.66)$$

$$\Delta E'_{\mathrm{IJ}} = E'_{\mathrm{IJ}} - E'_{\mathrm{I}} - E'_{\mathrm{J}}, \qquad (2.67)$$

$$\Delta P_{kl}^{IJ} = P_{kl}^{IJ} - P_{kl}^{I} \oplus P_{kl}^{J}, \tag{2.68}$$

$$\begin{aligned}
P_{kl}^{I} \oplus P_{kl}^{J} &= P_{kl}^{I} + P_{kl}^{J} \, (k, l \in \mathrm{I}, \mathrm{J} \text{ の場合}), \\
&= P_{kl}^{I} \, (k, l \in \mathrm{I} \text{ かつ } k, l \notin \mathrm{J} \text{ の場合}), \\
&= P_{kl}^{J} \, (k, l \in \mathrm{J} \text{ かつ } k, l \notin \mathrm{I} \text{ の場合}), \\
&= 0 \, (\text{それ以外の場合})
\end{aligned} \tag{2.69}$$

と定義した. (2.64)式の右辺第2項,

$$\Delta \widetilde{E}_{IJ} = \Delta E'_{IJ} + \mathrm{tr}(\Delta \boldsymbol{P}^{IJ} \boldsymbol{V}^{IJ}) \tag{2.70}$$

はフラグメント I, J 間の実効的な相互作用を表しており, **フラグメント間相互作用エネルギー** (Inter-Fragment Interaction Energy ; IFIE) [16, 17] と呼ばれる.

FMO 法では, 精度を落とすことなく計算を高速化するために, 上で現れる分子積分を以下のように近似することが多い. まず, フラグメント λ から比較的近い距離 $R_{\min}(\lambda, \mathrm{K})$ にあるフラグメント K の中の電子からの静電環境ポテンシャルを

$$v_{kl}^{K} \simeq \sum_{m \in K} (\boldsymbol{P}^{K} \boldsymbol{S}^{K})_{mm} \langle \chi_k \chi_m | \chi_l \chi_m \rangle \quad (R_{\min}(\lambda, \mathrm{K}) \geq L_{\mathrm{aoc}} \text{ の場合}) \tag{2.71}$$

と近似する (esp-aoc 近似). さらに, フラグメント λ とフラグメント K の距離 $R_{\min}(\lambda, \mathrm{K})$ がさらに遠い場合には, フラグメント K 内の原子 A に対するマリケン電荷

$$Q_{\mathrm{A}} = \sum_{m \in \mathrm{A}} (\boldsymbol{P}^{K} \boldsymbol{S}^{K})_{mm} \tag{2.72}$$

を用いて,

$$v_{kl}^{K} \simeq \sum_{\mathrm{A} \in \mathrm{K}} \left\langle k \left| \frac{Q_{\mathrm{A}}}{|\boldsymbol{r} - \boldsymbol{R}_{\mathrm{A}}|} \right| l \right\rangle \quad (R_{\min}(\lambda, \mathrm{K}) \geq L_{\mathrm{ptc}} \text{ の場合}) \tag{2.73}$$

と近似する (esp-ptc 近似). いずれも, 基準となる距離 L_{aoc}, L_{ptc} を計算精度とコストの兼ね合いから適切な値に選ぶ. また, 離れたフラグメント・ペア間のエネルギーを静電相互作用により

$$E'_{IJ} \simeq E'_{I} + E'_{J} + \mathrm{tr}(\boldsymbol{P}^{I} \boldsymbol{u}^{J}) + \mathrm{tr}(\boldsymbol{P}^{J} \boldsymbol{u}^{I}) + \sum_{k,l \in \mathrm{I}} \sum_{m,n \in \mathrm{J}} P_{kl}^{I} P_{mn}^{J} \langle \chi_k \chi_m | \chi_l \chi_n \rangle \tag{2.74}$$

と近似する (ダイマー es 近似) こともしばしば行われる. これらの近似を, 必要とされる精度に留意しつつ適宜利用することで, 全体の計算時間を総電子数

N の 1 乗から 2 乗に比例する程度に抑えることができる[16,17].

2.3.2 フラグメント分子軌道法の展開

上で述べたように，FMO 法を用いることで，計算精度を落とすことなく，限られた計算機資源の中で生体高分子に対する高速の電子状態計算を実行することができる．上ではハートリー–フォック近似を基に FMO 法の方法論を示したが，各フラグメントおよびフラグメント・ペア毎に電子相関効果を取り入れることで，巨大分子系に対するハートリー–フォック（平均場）近似を超えた電子状態計算も可能である．例えば，2.1 節で述べた MP2 摂動法を用いることで，FMO2 近似の範囲内で系の全エネルギーは

$$E^{\mathrm{MP2}} \simeq \sum_{I>J} E_{\mathrm{IJ}}^{\mathrm{MP2}} - (N_f - 2)\sum_{I} E_{\mathrm{I}}^{\mathrm{MP2}} \tag{2.75}$$

のように求めることができる．

FMO2 法はフラグメント展開に関する 2 体（ダイマー）までのペア近似であるが，これをフラグメント近似を使わない通常の分子軌道計算と比べた場合，全エネルギーの精度は，数十残基程度の小型タンパク質（例えば，量子化学ベンチマーク計算でしばしば使われる 46 残基のクランビンなど）で 1 kcal/mol 程度以下の誤差（例えば，1 ないし 2 残基のアミノ酸を 1 フラグメントとする場合）に収まることが知られている[18]．しかしながら，さらに大型のタンパク質や，あるいは電子の波動関数が比較的広がった場合などにおいては，エネルギー精度が低下すると考えられる．その場合の対処法として，さらに高次のフラグメント・トリマー（3 体）やテトラマー（4 体）の寄与を部分的に（例えば，距離が隣接したものだけ）計算に取り入れていくことが考えられ，3 体近似として FMO3,

$$E^{\mathrm{FMO3}} = \sum_{I>J>K} E_{\mathrm{IJK}} - (N_f - 3)\sum_{I>J} E_{\mathrm{IJ}} + \frac{(N_f - 2)(N_f - 3)}{2}\sum_{I} E_{\mathrm{I}} \tag{2.76}$$

4 体近似として FMO4,

$$E^{\mathrm{FMO4}} = \sum_{I>J>K>L} E_{\mathrm{IJKL}} - (N_f - 4)\sum_{I>J>K} E_{\mathrm{IJK}}$$

26   第2章 量子化学の基礎と展開

$$+ \frac{(N_f-3)(N_f-4)}{2} \sum_{I>J} E_{IJ}$$

$$- \frac{(N_f-2)(N_f-3)(N_f-4)}{6} \sum_{I} E_{I} \qquad (2.77)$$

の全エネルギーがそれぞれ(2.76)，(2.77)式のように与えられる[19]．ここで，E_{IJK}，E_{IJKL} はそれぞれフラグメント・トリマー，テトラマーのエネルギーを表す．

このようなFMO3法やFMO4法を用いることで，エネルギー精度を上げるだけでなく，一つ一つのフラグメントサイズをより小さく選ぶことも可能となる．この点は，タンパク質と小分子リガンドとの相互作用解析などを行う場合には重要で，例えばドラッグデザインなどを考える場合，タンパク質側のアミノ酸を主鎖と側鎖に分けたり，リガンド分子を官能基毎に分割した計算を行うことで，分子間相互作用の起源をより微視的に解析することができる．FMO法では，こういった相互作用解析は上述((2.70)式)したフラグメント間相互作用エネルギー(IFIE)を用いて行われることが多いが，このIFIEをさらに相互作用の種類ごとに分けて，静電相互作用，交換斥力，分散力，電荷移動相互作用などからの寄与を個別に見積もる Pair Interaction Energy Decomposition Analysis(PIEDA)という手法も開発されている[20]．

2.4 生体分子の大規模第一原理シミュレーション： インフルエンザウイルス

FMO法による超並列計算

前節で述べたFMO法を実際の生体高分子に適用する場合，通常，高性能計算機の多数のノードあるいはコアを利用した並列計算が行われる．FMO法は，その構成から，並列計算に適した手法であり，これまでに，数千あるいは数万以上のプロセッサを用いた計算も行われている[16]．並列化には，一般にノード内(スレッド)並列とノード間の通信を使う並列化の両方が考えられるが，FMO法では，ノードをまたぐ多数のコア間の並列計算をMPI(Message Passing Interface)[21]で，ノード内の並列計算をOpenMP[22]で行い，前者に

フラグメント間，後者にフラグメント内の並列計算を割り当てることが多い．以下，このようにして実際の生体分子系で有用な解析を行った実例を紹介する．

インフルエンザウイルスとヘマグルチニン(HA)タンパク質

　感染症の一種であるインフルエンザは現代においても人類に対する大きな脅威となっている[23,24]．1918年にはスペイン風邪と呼ばれるH1N1型のインフルエンザが世界的に大流行し，推定で2000-5000万人規模の死者を出したと言われている．第二次世界大戦後も，1957年にH2N2型のアジア風邪，1968年にはH3N2型の香港風邪がパンデミック(大流行)を引き起こし，それぞれ100万人規模の犠牲者を招いた．21世紀に入っても，2005年にH5N1型の鳥インフルエンザのトリからヒトへの感染が確認されて世界的な厳戒態勢が敷かれ，また，2009年にはブタ由来のH1N1型ウイルスによる世界的な大流行が日本も巻き込んだ．インフルエンザウイルスがヒトやトリなどの宿主の細胞に感染して増殖し，感染細胞から離脱するメカニズムは分子レベルでかなりの理解が進んでいるが，実際にそこから治療薬やワクチンの開発につながる効果的な処方はまだあまり得られていない．その理由の一つとしては，医療のターゲットとなるタンパク質の分子レベルでの相互作用に関する定量的な理解がまだ不十分であることが挙げられる．一般に，生体分子系では分子間相互作用に基づく「分子認識」が機能発現にとって重要な働きを演じる．例えば，転写におけるタンパク質-DNA相互作用や細胞内シグナル伝達におけるタンパク質間相互作用などがよく知られた例である．

　インフルエンザウイルスが宿主細胞に感染する際，その表面の糖鎖構造の認識に重要な役割を演ずるヘマグルチニン(Hemagglutinin；HA)と呼ばれるタンパク質がある[24]．このタンパク質に注目し，その糖鎖，あるいは抗体との相互作用を分子レベルで正確に解析するためにFMO法を用いることができる．構造の知られたHA-糖鎖，あるいはHA-抗体系に対してFMO計算を行い，糖鎖とアミノ酸，あるいは抗原抗体系のアミノ酸の間のフラグメント間相互作用を詳細に解析することにより，分子認識にとって重要なアミノ酸残基がピックアップできるだけでなく，「糖鎖との相互作用の強さを大きく変えるアミノ酸変異は感染する宿主特異性に重要であろう」，「抗体から強く認識されている

アミノ酸の変異はウイルス進化上有利であろう」といった仮説を検証することで，変異予測やワクチン・薬剤開発にとって有用な情報を得ることができる．その際，分子間相互作用の評価の精度としてはいわゆる「化学的精度」の 1 kcal/mol 程度以下が要求され，これは電子状態計算にとって大きなチャレンジとなる．

糖鎖との相互作用：感染特異性

インフルエンザウイルスの HA タンパク質は，ウイルスが宿主細胞に感染する際に，その表面の糖鎖の種類を認識するうえで重要な働きを演じる．すなわち，ヒト型，トリ型の宿主細胞表面にある糖鎖の末端のシアル酸は隣接するガラクトースとそれぞれ α2-6 型，α2-3 型の化学結合をしており，ヒト型，トリ型のウイルス表面の HA タンパク質はこの違いを分子レベルで認識して種特異的に結合する(**図 2.3**)．このメカニズムにより，通常，ヒト型のウイルスはヒトの細胞に，トリ型のウイルスはトリの細胞に感染するが，アミノ酸変異により結合能が変化することで，種をまたがった感染が発生するケースがある．この HA-糖鎖の分子認識特異性のメカニズムを解明することは，近年大きな注目を集めている鳥インフルエンザや豚インフルエンザの人への感染拡大を防ぐ意味でも重要な意義がある．いくつかの亜型(H1N1，H3N2，H5N1)に対する HA タンパク質と糖鎖(α2-3, α2-6 型)との結合系に対する結晶構造を用い，その相互作用が FMO-MP2 法を用いて詳しく解析された[25, 26]．HA タンパク質と糖鎖受容体(レセプター)の間の結合エネルギーは，結合系とそれぞれの構成系の間のエネルギーの差をとることで見積もることができる(supermolecule 計算*1)が，あるいは，糖鎖と HA の各アミノ酸の間に働く相互作用エネルギーを 2.3 節で述べたフラグメント間相互作用エネルギー(IFIE)により評価し，その和をとることによっても概ね見積もることができる．また，後者の解析を行うことで，HA-糖鎖間の分子認識にとって重要な役割を演ずるア

---

*1　エネルギー E_A を持つ分子 A とエネルギー E_B を持つ分子 B を合わせた超分子 A＋B に対するエネルギーを E_{A+B} とするとき，分子 A と分子 B の結合エネルギーを $E_{A+B} - E_A - E_B$ で評価することができ，これを「supermolecule(超分子)計算」と呼ぶ．

2.4 生体分子の大規模第一原理シミュレーション：インフルエンザウイルス

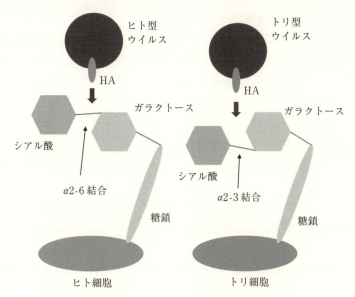

図 2.3 ヒト型インフルエンザウイルスとトリ型インフルエンザウイルスのホスト細胞認識の模式図．ウイルス表面のヘマグルチニン（HA）タンパク質がホスト細胞表面のシアル酸とガラクトースの結合様式の違い（ヒト型は $\alpha 2\text{-}6$，トリ型は $\alpha 2\text{-}3$）を認識する．

ミノ酸残基をピックアップすることもできる．計算によると，トリ型の HA はたしかにトリ型のレセプターに，ヒト型の HA はたしかにヒト型のレセプターに強い結合性を示す．また，ブタは両方のタイプのレセプターを有するが，ブタ型の HA は $\alpha 2\text{-}3$，$\alpha 2\text{-}6$ いずれの糖鎖とも強い結合性を示す．これらは，実験的・経験的に知られている事実を追認しただけにすぎないが，FMO 計算を行うことで，そういった特異性を生み出すもととなっているのがどのアミノ酸残基であるのかを定量的に特定することができる．また，そういった重要な残基の変異は，HA とレセプターとの結合特異性を大きく変える可能性を持っている．このような解析に基づいて，種をまたがったインフルエンザの感染に備えたり，あるいは，その対策を講じるうえで重要な知見を得ることができると期待される．

抗体との相互作用：変異予測

宿主の体内に侵入したインフルエンザウイルスに対して，宿主の側では抗体による免疫反応を起こすことで対抗する．宿主細胞への感染において重要な役割を果たすHAタンパク質を抗原とする抗体も作られ，一方，ウイルスはHAのアミノ酸を変異させることで抗体による認識（抗体圧）から逃れようとする．抗原抗体系の分子認識・相互作用に関する解析を行うことで，抗原であるHAタンパク質の分子進化に関する情報を得ることもできる．

1968年に流行したH3N2型のA/Aichi/68ウイルスのHAに対してFab (Fragment antigen-binding)抗体が結合した複合タンパク質系の結晶構造がX線解析を用いて得られている（PDBID：1EO8，図2.4）．この構造を用いて，FMO-MP2計算を行い，系に含まれているすべてのアミノ酸の間のフラグメント間相互作用エネルギー（IFIE）を求めることができる．この複合系は，921個のアミノ酸残基（14,086個の原子）を含む巨大系であるが，地球シミュレータの4,096プロセッサ（VPU）を用いる並列処理を行うことで，FMO-MP2/6-31G計算（基底関数として6-31Gを用いたMP2計算）は1時間以内に完了した[27]．得られたIFIEのデータから，抗体に含まれているアミノ酸からの寄与の和をとることで，HA内の各アミノ酸と抗体の間に働く相互作用の強さを定量的に評価することができる．一般に，電荷あるいは極性を持ったアミノ酸間では静電的な相互作用が支配的となり，一方，疎水性のアミノ酸間では分散力が重要となる．そして，この抗原抗体系では，その結晶構造から立体配置的に，Fab抗体は特にHAの抗原領域E（図2.4）を強く認識していると考えられている．実際，FMO-IFIE解析によってもそのことを示すことができる．また，ウイルスが出現した1968年以降，抗原領域Eに存在する24個のアミノ酸のうち，どれがいつ変異を起こしたかの履歴もわかっており，それをFMO-IFIE解析の結果から説明することも可能である．基本的な仮説としては，抗体から強く認識されている，すなわち，抗体との間に強い引力的相互作用が働いているアミノ酸残基は，変異を起こすことで淘汰圧から逃れられる可能性が高いのではないかと考えられる．また，一方で，特定のアミノ酸の変異は，それによりHAタンパク質の機能自体を損なってしまう場合がある．この点は，アミノ酸変異を起こしたHAのシアル酸結合能を測る赤血球凝集反応実験の結果から判定することができる．以上の二つの判定基準（抗体との引力的相互作用，赤

2.4 生体分子の大規模第一原理シミュレーション：インフルエンザウイルス

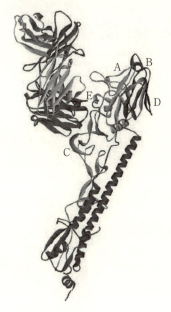

図 2.4 H3N2 型の A/Aichi/68 ウイルスの HA に対して，Fab 抗体（左上）が結合した複合系の構造（PDBID：1EO8）．A-E は HA の抗原領域を示す．

血球凝集実験で変異許容）を満たすアミノ酸部位が実際に変異を起こしていれば，この「変異モデル」は妥当であることになる．

図 2.5 はこの比較検討を示したものである[28]．横軸にアミノ酸の種類，縦軸に抗体との相互作用の値が示されており，図中番号表示（文献[28]参照）は赤血球凝集反応実験によってそれらのアミノ酸部位の変異が許容，非許容，不明（データなし）であることを表している．まず，中段（B）の疎水性アミノ酸残基に対する結果を見ると，抗体との引力的相互作用を示す残基が 5 箇所あり，うち 2 箇所（Ile62, Val78）が赤血球凝集反応実験許容であり，それらはいずれも過去に変異を起こしている（Ile62 が 1977 年と 1995 年，Val78 が 1969 年）．また，上段（A）の荷電性アミノ酸残基に対しても，「強い引力的相互作用」プラス「非許容でない」という判定基準で選ばれた Asp63 と Glu82 がいずれも変異を起こしている．下段（C）の分極性アミノ酸に関しては，この基準に適合する His75 が実際に変異を起こしているが，それに加えて，必ずしも引力的相互

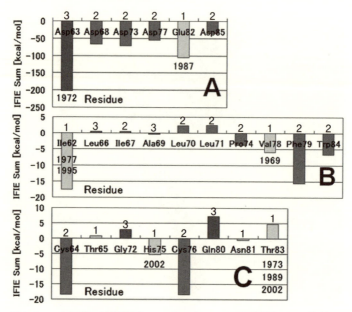

図2.5 HAタンパク質の抗原領域Eにある各アミノ酸残基とFab抗体との相互作用エネルギー(IFIE). 抗原抗体系の結晶構造(1EO8)に対するFMO-MP2/6-31G*計算の結果を示しており, 図中番号表示(文献[28]参照)は, 赤血球凝集反応実験において, 許容(1), 非許容(2), データなし(3)のアミノ酸部位であることを示し, 4桁の数字はその部位が変異を起こした年を表す. (A)荷電性アミノ酸. (B)疎水性アミノ酸. (C)分極性アミノ酸.

作用を示していないThr83も変異を起こしている. この最後のケースは, 「実際に変異を起こしたアミノ酸部位をピックアップできなかった」唯一の例であるが, 実は, このケースについてはFMO法で採用されているポリペプチドのフラグメント分割の仕方(C_αサイトで分割)が問題を引き起こしており, もしペプチド結合で分割すれば相互作用は引力的となって変異履歴と合致することが示されている[29]. このようにして, 上述の「変異モデル」を用いることで, もし仮に抗原抗体結合系の構造が得られれば, FMO計算と赤血球凝集実験を組み合わせることで, 将来のHAの変異予測を行うことが可能である. このような知見は, 例えばワクチン開発などを先行して行うことで, パンデミック対策などに生かすことができると期待される.

上で述べた解析では，HA タンパク質の単量体構造が用いられたが，実際に細胞内で機能を発現する際には，HA は三量体構造をとっていることが知られている．こういった HA の三量体と Fab 抗体二量体の複合構造を用いた FMO 計算も実行可能である．この系(PDBID：1KEN)は 2351 残基(36,160 原子)を含む巨大系であるが，地球シミュレータの 128 ノードを用いることで，この系の FMO-MP2/6-31G 計算が 4.3 時間，FMO-MP3/6-31G 計算は 5.8 時間で完了した[30]．なお，その際，効率的な並列計算を遂行するために，ノード内の OpenMP とノード間の MPI のハイブリッド並列化が行われた．FMO 計算の結果，抗原抗体複合系に含まれるすべてのアミノ酸残基間の相互作用エネルギー(IFIE)が得られ，それを解析することで，単量体の場合と同様な変異予測やワクチン開発にとって重要な知見を得ることができる．また，今回の場合，3 次の摂動法である MP3 を用いたことで電子相関効果のより正確な記述が期待され，三量体を扱ったことで，各ドメインのそれぞれが果たす役割を定量的に論じることもできる[31]．

その他の創薬ターゲット

ここでは，インフルエンザウイルスの HA タンパク質に関する第一原理 FMO 計算の結果を中心に紹介したが，インフルエンザウイルスにはほかにも医療・創薬のターゲットとなる重要なタンパク質がいくつか知られており，例えば，ウイルスが感染細胞から離脱する際に重要な役割を演じるノイラミニダーゼ(Neuraminidase；NA)タンパク質に関する FMO 計算も行われている．この NA は，タミフルやリレンザなどの医薬品の標的タンパク質となっているが，近年，その薬剤耐性が大きな問題となっている．NA とタミフルの複合体の野生株と変異株に対する FMO-IFIE 解析を行うことで，変異株において薬剤耐性が出現するメカニズムを分子レベルで解明することができる．こういった知見は，薬剤耐性を持ったウイルスに対する，より有効な医薬品の合理的な設計にも役立つと考えられる．また，インフルエンザウイルスのタンパク質と様々なリガンド分子との結合親和性を定量的に議論する際，水和やエントロピーの寄与も含めた結合自由エネルギーの評価を正確に行うことが望ましく，そのためには，次章で述べるような分子動力学(Molecular Dynamics；MD)法などの援用も必要となってくる[32]．このような試みも並行して行われ

ており，HA や NA，またそれ以外のインフルエンザウイルスのタンパク質である NS1 などを対象とした解析が進められている．このような，インフルエンザウイルスに対する分子シミュレーションが，我々人類にとって今後も大きな脅威であり続けるインフルエンザに対する対策を実施するうえで有用な情報を与えられることが期待されている．

第 2 章　参考文献

[1]　藤永茂,「入門分子軌道法」, 講談社サイエンティフィク (1990).
[2]　A. Szabo, N. S. Ostlund, "Modern Quantum Chemistry: Introduction to Advanced Electronic Structure Theory", McGraw-Hill, New York (1989). 日本語訳：A. ザボ, N. S. オストランド著, 大野公男, 阪井健男, 望月祐志訳,「新しい量子化学-電子構造の理論入門 上・下」, 東京大学出版会 (1987).
[3]　永瀬茂, 平尾公彦,「分子理論の展開」, 岩波講座・現代化学への入門 17, 岩波書店 (2002).
[4]　西尾元宏,「有機化学のための分子間力入門」, 講談社 (2008).
[5]　R. G. Parr, W. Yang, "Density-Functional Theory of Atoms and Molecules", Oxford University Press, New York (1989). 日本語訳：R. G. パール, W. ヤング著, 狩野覚, 関元, 吉田元二訳,「原子・分子の密度汎関数法」, シュプリンガー・フェアラーク東京 (1996).
[6]　藤原毅夫,「固体電子構造論-密度汎関数理論から電子相関まで」, 内田老鶴圃 (2015).
[7]　P. Hohenberg, W. Kohn, Phys. Rev. **136B** (1964) 864.
[8]　W. Kohn, L. S. Sham, Phys. Rev. **140A** (1965) 1133.
[9]　D. M. Ceperley, B. J. Alder, Phys. Rev. Lett. **45** (1980) 566.
[10]　常田貴夫,「密度汎関数法の基礎」, 講談社 (2012).
[11]　柏木浩, 佐藤文俊監修,「タンパク質量子化学計算」, アドバンスソフト (2004).
[12]　K. Kitaura, T. Sawai, T. Asada, T. Nakano, M. Uebayasi, Chem. Phys. Lett. **312** (1999) 319.
[13]　K. Kitaura, E. Ikeo, T. Asada, T. Nakano, M. Uebayasi, Chem. Phys. Lett. **313** (1999) 701.
[14]　T. Nakano, T. Kaminuma, T. Sato, Y. Akiyama, M. Uebayasi, K. Kitaura, Chem. Phys. Lett. **318** (2000) 614.

[15] 総説として，D. G. Fedorov, T. Nagata, K. Kitaura, Phys. Chem. Chem. Phys. **14**(2012)7562.
[16] 総説として，S. Tanaka, Y. Mochizuki, Y. Komeiji, Y. Okiyama, K. Fukuzawa, Phys. Chem. Chem. Phys. **16**(2014)10310.
[17] 佐藤文俊，中野達也，望月祐志編，「プログラムで実践する生体分子量子化学計算」，森北出版(2008).
[18] T. Nakano, T. Kaminuma, T. Sato, K. Fukuzawa, Y. Akiyama, M. Uebayasi, K. Kitaura, Chem. Phys. Lett. **351**(2002)475.
[19] T. Nakano, Y. Mochizuki, K. Yamashita, C. Watanabe, K. Fukuzawa, K. Segawa, Y. Okiyama, T. Tsukamoto, S. Tanaka, Chem. Phys. Lett. **523**(2012)128.
[20] D. G. Fedorov, K. Kitaura, J. Comput. Chem. **28**(2007)222.
[21] 片桐孝洋，「スパコンプログラミング入門-並列処理とMPIの学習」，東京大学出版会(2013).
[22] 片桐孝洋，「並列プログラミング入門-サンプルプログラムで学ぶOpenMPとOpenACC」，東京大学出版会(2015).
[23] T. Horimoto, Y. Kawaoka, Nat. Rev. Microbiol. **3**(2005)591.
[24] 中島捷久，中島節子，澤井仁，「インフルエンザ-新型ウイルスはいかに出現するか」，PHP新書(1998).
[25] T. Iwata, K. Fukuzawa, K. Nakajima, S. Aida-Hyugaji, Y. Mochizuki, H. Watanabe, S. Tanaka, Comput. Biol. Chem. **32**(2008)198.
[26] S. Anzaki, C. Watanabe, K. Fukuzawa, Y. Mochizuki, S. Tanaka, J. Mol. Graph. Model. **53**(2014)48.
[27] Y. Mochizuki, K. Yamashita, T. Murase, T. Nakano, K. Fukuzawa, K. Takematsu, H. Watanabe, S. Tanaka, Chem. Phys. Lett. **457**(2008)396.
[28] K. Takematsu, K. Fukuzawa, K. Omagari, S. Nakajima, K. Nakajima, Y. Mochizuki, T. Nakano, H. Watanabe, S. Tanaka, J. Phys. Chem. B **113**(2009)4991.
[29] A. Yoshioka, K. Takematsu, I. Kurisaki, K. Fukuzawa, Y. Mochizuki, T. Nakano, E. Nobusawa, K. Nakajima, S. Tanaka, Theor. Chem. Acc. **130**(2011)1197.
[30] Y. Mochizuki, K. Yamashita, K. Fukuzawa, K. Takematsu, H. Watanabe, N. Taguchi, Y. Okiyama, M. Tsuboi, T. Nakano, S. Tanaka, Chem. Phys. Lett. **493**(2010)346.
[31] A. Yoshioka, K. Fukuzawa, Y. Mochizuki, K. Yamashita, T. Nakano, Y. Okiyama, E. Nobusawa, K. Nakajima, S. Tanaka, J. Mol. Graph. Model. **30**(2011)110.
[32] R. Zhou, P. Das, A. K. Royyuru, J. Phys. Chem. B **112**(2008)15813.

第3章 古典力学的分子シミュレーション

　生体機能を細胞あるいは分子レベルから記述・理解する際には，遺伝情報により構造が規定されたタンパク質や核酸の機能に関する分子シミュレーションが有効なツールとなる．タンパク質は20種類のアミノ酸，DNAやRNAなどの核酸は4種類の塩基と糖，リン酸からなり[1]，それらと他の分子との間の分子認識，情報伝達，化学反応や物質・エネルギー変換，構造変化・運動などの計算機シミュレーションは今や最先端の研究に欠かせぬものとなっている．ミクロなレベルでの分子シミュレーションの基盤となるのが，前章で示されたような量子化学的手法による分子相互作用の記述であるが，生体分子の機能を理解するうえでは，さらに，分子系の動的および熱力学的な記述が必要となる．原理的には，電子状態計算に基づいて（そのつど）原子間相互作用を非経験的(*ab initio*)に求めて動力学シミュレーションを行うことも可能であるが，現状では主として計算コストの制約により，生体分子シミュレーションの大部分は関数形の与えられた実効的な原子間力場を用いて古典力学的に行われることが多い．そのための有効な方法として長らく用いられてきたのが本章で紹介する，古典力学に基づく分子動力学シミュレーションである．

3.1　分子動力学法と統計力学

3.1.1　原子集団としての生体高分子

　タンパク質や核酸などの生体高分子が N 個の原子の集まりからなるとし，その原子間の相互作用によって生体高分子の性質や振舞いが決まるとする．以下本章では，原子はすべて古典力学的に扱えるとし，電子の自由度はすべて原子間の相互作用の中に実効的にくりこまれてしまうと考える（3.2節参照）．原子間の相互作用エネルギー U を表す力場ポテンシャルは原子座標 $r^N = \{r_\alpha\}$ ($\alpha = 1, 2, ..., N$) の関数として与えられているとし，その具体的な表現に関しては次節で考える．このようなモデリングの下で，質量 m_i を持つ各原子 $i = 1, 2, ..., N$ の座標 r_i の時間発展は，原子に働く力 f_i の下での

第3章 古典力学的分子シミュレーション

ニュートンの運動方程式：

$$f_i = -\nabla_i U(\{r_\alpha\}) = m_i \frac{d^2 r_i}{dt^2} \tag{3.1}$$

により記述される($\nabla_i = \partial/\partial r_i$).

(3.1)式の運動方程式を，与えられた初期条件の下で何らかの方法で解くことができれば，時刻tにおけるすべての原子の座標・速度$\{r_i(t), v_i(t)\}$として運動の軌跡(トラジェクトリー)が得られる．このトラジェクトリーを用いて分子系の統計的な性質を解析するのが**分子動力学**(Molecular Dynamics ; MD)**法**である．通常，MD法が気体や液体系に適用されるとき，系の全エネルギーや比熱，圧力，分布関数などが計算される[2]．ここで，生体高分子の機能や物性を解析しようとするとき，平衡状態に関しては，様々な構造や結合の状態における**自由エネルギー**が重要な物理量となる．そこで，非平衡状態のダイナミクスに関しては3.4節以降に回し，以下ではまず自由エネルギーの計算法について論じる．

3.1.2 自由エネルギー差の計算

統計力学によると，熱平衡状態にある古典多粒子系の物理量は系のポテンシャルエネルギーUにより分配関数

$$Z = \frac{1}{\Lambda^{3N} N!} \int \exp(-\beta U) \, dr^N \tag{3.2}$$

を基に計算することができる．ここで，$\beta = 1/k_B T$, k_BとTはボルツマン定数と絶対温度であり，$\Lambda = (2\pi\hbar^2/mk_B T)^{1/2}$は熱ド・ブロイ波長($\hbar$はプランク定数), mは粒子の質量m_iの幾何平均を表す．原理的には，N個の粒子の配置r^Nのあらゆる可能性をMD法あるいはモンテカルロ(Monte Carlo ; MC)法などでサンプリングすることによりZを近似的に評価することができるが，実際にこのようなやり方でヘルムホルツの自由エネルギー

$$F = -\frac{1}{\beta} \ln Z \tag{3.3}$$

を直接求めることは困難である．そこで通常は，ポテンシャルエネルギーU_0, U_1を持つ二つの状態0, 1の間の自由エネルギー差を

3.1 分子動力学法と統計力学

$$\Delta F = F_1 - F_0 = -\frac{1}{\beta}\ln\frac{Z_1}{Z_0} = -\frac{1}{\beta}\ln\frac{\int\exp(-\beta U_1)\,\mathrm{d}\boldsymbol{r}^N}{\int\exp(-\beta U_0)\,\mathrm{d}\boldsymbol{r}^N}$$

$$= -\frac{1}{\beta}\ln\langle\exp[-\beta(U_1-U_0)]\rangle_0 \quad (3.4)$$

のように計算する．ここで，$\langle\ \rangle_0$ は状態 0 における統計平均を表し，物理量 X に対しては，

$$\langle X\rangle_0 = \frac{\int X\exp(-\beta U_0)\,\mathrm{d}\boldsymbol{r}^N}{\int\exp(-\beta U_0)\,\mathrm{d}\boldsymbol{r}^N} \quad (3.5)$$

である．この方法を**自由エネルギー摂動**(Free Energy Perturbation; FEP)**法**と呼ぶ[2,3]．

同様のやり方で自由エネルギー変化を求める方法に**熱力学積分**(Thermodynamic Integration; TI)**法**がある[2,3]．上と同様に，二つの状態 0，1 を考え，パラメター λ ($0\leq\lambda\leq 1$) を導入してそれぞれのポテンシャルエネルギー U_0，U_1 を線形に接続する：

$$U(\lambda) = \lambda U_1 + (1-\lambda)U_0 \quad (3.6)$$

このとき，二つの状態の間の自由エネルギー差は，

$$\Delta F = \int_0^1 \left(\frac{\partial F}{\partial\lambda}\right)\mathrm{d}\lambda = \int_0^1 \frac{\partial}{\partial\lambda}\left(-\frac{1}{\beta}\ln Z_\lambda\right)\mathrm{d}\lambda = \int_0^1 \left\langle\frac{\partial U}{\partial\lambda}\right\rangle_\lambda \mathrm{d}\lambda \quad (3.7)$$

のように求めることができる．ここで，

$$Z_\lambda = \frac{1}{\Lambda^{3N}N!}\int\exp[-\beta U(\lambda)]\,\mathrm{d}\boldsymbol{r}^N \quad (3.8)$$

は状態 λ における分配関数，$\langle\ \rangle_\lambda$ は状態 λ での統計平均を表す．(3.7)式の最後の表式における λ 積分を(3.6)式を用いて

$$\Delta F \simeq \sum_{\lambda=0}^1\left\langle\frac{\partial U}{\partial\lambda}\right\rangle_\lambda\Delta\lambda = \sum_{\lambda=0}^1\langle U_1-U_0\rangle_\lambda\Delta\lambda = \sum_{\lambda=0}^1\langle\Delta U\rangle_\lambda\Delta\lambda \quad (3.9)$$

のように近似的に評価するのが熱力学積分法である．ここで，この近似が正当化されるためには，途中の状態 λ が細かく刻まれている必要がある．すなわち，λ を 0 から 1 までわずかな量 $\Delta\lambda$ ずつ変化させながら，それぞれの λ にお

けるポテンシャル $U(\lambda)$ の下でシミュレーションを行い，生成されたアンサンブルによって $\Delta U = U_1 - U_0$ の平均をとって加算する．上で述べた自由エネルギー摂動法においても，実際に(3.4)式を用いて自由エネルギー差を求める際には二つの状態を十分接近させて分布の重なりを保つ必要があり，状態の刻みが十分に小さい極限では両者の評価は一致する．なお，原理的には，二つの状態(i, f)間の自由エネルギー差は，状態 i から状態 f に向かう向き(forward)に計算しても，あるいはその逆向き(reverse)に計算しても求めることができる．最近では，forward, reverse 両方向のシミュレーション結果を最も効果的に用いるベネット受容比(Bennett Acceptance Ratio；BAR)法[2,4-7]などもよく用いられる．

3.1.3 統計分布の効率的な生成

アンブレラ・サンプリング

　以上の議論では，与えられた系のポテンシャルエネルギー U の下で，十分に長時間の MD シミュレーションを行うことで，トラジェクトリー $\{\boldsymbol{r}_i(t), \boldsymbol{v}_i(t)\}$ が配位空間をくまなく探査できることを前提としている．そして，物理量の統計平均を時間平均によって置き換えることができることを仮定している．しかしながら，このような「エルゴード性」が実際のシミュレーションで近似的にでも実現されているケースは稀であり，計算の目的に応じた様々な工夫が必要となる．

　用いている系のポテンシャルエネルギーに対して実際には起こりにくい状態を人為的に実現し，そのうえで統計的に妥当な分布・物理量を求める一つの手法として**アンブレラ・サンプリング**の方法[2,3,8]が知られている．今，系のある状態の確率密度が，それを特徴づける反応座標 ζ (通常，ある特定の原子間の距離あるいはその組み合わせなどのセミ・マクロな量として設定される)の関数として

$$\rho(\zeta) = \exp[-\beta W(\zeta)] \tag{3.10}$$

と表せるとする．ここで，$W(\zeta)$ を**平均力ポテンシャル**(Potential of Mean Force；PMF)と呼ぶ．このときの系のポテンシャルエネルギー U の下では状態 ζ が起こりにくい場合，U に対して状態 ζ を起こりやすくするバイアス・ポテンシャル X を人為的にかけ，ポテンシャル $\tilde{U} = U + X$ の下でシミュレー

ションを実行する．そのとき，

$$\rho(\zeta) = \langle \delta(\zeta' - \zeta) \rangle_U = \frac{\int \delta(\zeta' - \zeta) \exp(-\beta U) \, d\boldsymbol{r'}^N}{\int \exp(-\beta U) \, d\boldsymbol{r'}^N}$$

$$= \frac{\int \delta(\zeta' - \zeta) \exp(-\beta \tilde{U}) \exp[\beta X(\zeta')] \, d\boldsymbol{r'}^N}{\int \exp(-\beta U) \, d\boldsymbol{r'}^N}$$

$$= \frac{\int \delta(\zeta' - \zeta) \exp(-\beta \tilde{U}) \, d\boldsymbol{r'}^N}{\int \exp(-\beta \tilde{U}) \, d\boldsymbol{r'}^N} \frac{\int \exp(-\beta \tilde{U}) \, d\boldsymbol{r'}^N}{\int \exp(-\beta \tilde{U}) \exp[\beta X(\zeta')] \, d\boldsymbol{r'}^N} \exp[\beta X(\zeta)]$$

$$= \frac{\langle \delta(\zeta' - \zeta) \rangle_{\tilde{U}} \exp[\beta X(\zeta)]}{\langle \exp[\beta X(\zeta')] \rangle_{\tilde{U}}} = \frac{\tilde{\rho}(\zeta) \exp[\beta X(\zeta)]}{\langle \exp[\beta X(\zeta')] \rangle_{\tilde{U}}} \quad (3.11)$$

となり，また，平均力ポテンシャル PMF は

$$W(\zeta) = -\frac{1}{\beta} \ln \tilde{\rho}(\zeta) - X(\zeta) + \frac{1}{\beta} \ln \{\langle \exp[\beta X(\zeta')] \rangle_{\tilde{U}}\} \quad (3.12)$$

と表される．ここで，$\tilde{\rho}(\zeta)$ はポテンシャル $\tilde{U}$ の下での状態 ζ の確率密度であり，したがって，状態 ζ が稀にしか（場合によっては一度も）起こらないような状況であっても，ポテンシャル $\tilde{U}$ の下でのシミュレーションにより，$\rho(\zeta)$，$W(\zeta)$ を精度よく計算することができる．バイアス・ポテンシャル $X(\zeta)$ の選び方は任意だが，実現したい状態の周りの調和型引力ポテンシャルなどが用いられることが多い．なおこのアンブレラ・サンプリングの方法を用いて，反応座標 ζ の異なる二つの状態間の自由エネルギー差を効率的に求めるシミュレーション手法として Weighted Histogram Analysis Method (WHAM)[9] が知られており，これについては付録 C を参照されたい．

マルチカノニカル法

ところで，温度 T におけるカノニカル・アンサンブルのエネルギー確率分布 $\rho_c(E, T)$ は，系のエネルギー E の状態密度を $\Omega(E)$ とするとき，

$$\rho_c(E, T) = \Omega(E) \exp(-\beta E)/Z_c(T), \quad (3.13)$$

$$Z_c(T) = \int \Omega(E)\exp(-\beta E)\,dE \tag{3.14}$$

と表される．この分布は一般に，エネルギー E の関数として急峻なピークと狭い幅を持ち，ピーク周辺のエネルギー以外のエネルギーを持つ状態をとりづらくしている．分子シミュレーションにおいて，外部から人為的に外力(driving force)やバイアス・ポテンシャルをかけることなく，エネルギー確率分布が低い状態も効率的にサンプリングできるような方法はないだろうか．このような動機のもとに考え出されたのが以下に示す**マルチカノニカル法**[3, 10] である．マルチカノニカル法では，仮想的なマルチカノニカル・エネルギー E_{mc} を系の真のエネルギー E の関数として導入し，そのシミュレーションにおけるエネルギー確率分布

$$\rho_{mc}(E, T_0) = \Omega(E)\exp[-\beta_0 E_{mc}(E)]/Z_{mc}(T_0), \tag{3.15}$$

$$Z_{mc}(T_0) = \int \Omega(E)\exp[-\beta_0 E_{mc}(E)]\,dE \tag{3.16}$$

がエネルギーの関数としてできるだけ一定(平坦)になるように要請する．ここで，T_0 は(比較的高温の)任意の温度であり，$\beta_0 = 1/k_B T_0$ である．もしこのような「都合のよい」シミュレーションが実行できれば，もともと分布確率の低かった状態もサンプリングできる可能性が高まる．

(3.13)式と(3.15)式から共通のエネルギー状態密度 $\Omega(E)$ を消去すると，関係式

$$\rho_c(E, T) = \rho_{mc}(E, T_0)\exp[-\beta E + \beta_0 E_{mc}(E)]Z_{mc}(T_0)/Z_c(T) \tag{3.17}$$

が得られる．この関係式により，求めたいカノニカル・アンサンブルの分布をマルチカノニカル・アンサンブルの分布から計算することができる．そこで，比較的高温 T_0 でマルチカノニカル・シミュレーションを実行することを考え，(3.15)式の分布がエネルギー E の関数としてほぼ一定だと考えると，$E_{mc}(E)$ のエネルギー依存性は

$$E_{mc}(E) = \frac{1}{\beta_0}\ln\Omega(E) = E + \frac{1}{\beta_0}\ln\rho_c(E, T_0) \tag{3.18}$$

と与えられる．ここで，最後の表式を得る際に(3.13)式を用いた．したがって，まず最初に高温 T_0 でカノニカル・アンサンブルのシミュレーションを行って $\rho_c(E, T_0)$ を求め，(3.18)式により $E_{mc}(E)$ を得てマルチカノニカル・

アンサンブルのシミュレーションを実行することができ，エネルギーの関数としてほぼ一定の $\rho_{\mathrm{mc}}(E, T_0)$ を得ることができる．そして (3.17) 式により，温度 T におけるカノニカル・アンサンブルのエネルギー確率分布が求められる．(3.18) 式が示すように，このマルチカノニカル法は，アンブレラ・ポテンシャルとして $\beta_0^{-1} \ln \rho_{\mathrm{c}}(E, T_0)$ を用いたアンブレラ・サンプリングの一種（反応座標はエネルギー E）と見なすこともできる．

レプリカ交換法

次に，配位空間をできるだけくまなく探査する効率的な手法として最近よく用いられている（温度）**レプリカ交換分子動力学法**[11] について紹介する．このアプローチにおいては，シミュレーションの対象とする統計集団（アンサンブル）を，互いに相互作用しない，異なる温度 $T_i (i = 1, ..., M; m < n$ に対し $T_m < T_n$ とする）を持つ M 個の独立なコピー（レプリカ；その配位を $x_{T_i}^i$ とする）に拡張する．このアンサンブル全体を，$X = \{x_{T_1}^1, ..., x_{T_m}^m, x_{T_n}^n, ..., x_{T_M}^M\}$ と表し，MD シミュレーションの一定時間ごとに，隣接する温度（すなわち，$n = m + 1$）を持つレプリカをある判定基準に基づき，$X' = \{x_{T_1}^1, ..., x_{T_m}^n, x_{T_n}^m, ..., x_{T_M}^M\}$ のように交換する．ここで，拡張したアンサンブル全体が平衡状態にあるときには，詳細釣り合いの関係式

$$W(X)w(X \to X') = W(X')w(X' \to X) \quad (3.19)$$

が成り立つことに注意する．ただし，$W(X)$ は状態 X の実現確率，$w(X \to X')$ は状態 X から X' への遷移確率である．この関係を満たすための一つの選択としてメトロポリス遷移[2]

$$w(X \to X') = \min\left(1, \frac{W(X')}{W(X)}\right) = \min(1, \exp(-\Delta)), \quad (3.20)$$

$$\Delta = (\beta_m - \beta_n)[E(x^n) - E(x^m)] \quad (3.21)$$

が考えられ，上の「判定基準」として通常このメトロポリス判定に基づく状態遷移確率が採用される．ここで，$\beta_m = 1/k_{\mathrm{B}} T_m$，$E(x^m)$ は配位 x^m でのエネルギーであり，遷移を受け入れるか否かは一様乱数との比較により決める．

すなわち，レプリカ交換分子動力学法では，用意した M 個の各レプリカに対して温度 T_i 一定の独立な MD 計算を一定のステップ数実行し，ある時刻において，隣接した温度のレプリカ対を上記の遷移確率に従って（乱数を発生さ

せて)交換する．この操作を予め決めたタイムスケジュールに従って繰り返し行い，十分な数の交換後，調べたい温度のトラジェクトリーだけを取り出して物理量の統計平均を算出する．この方法によれば，それぞれのレプリカの配置が温度交換によって(高温の場合に)エネルギー障壁を越えて様々な状態をとることが可能となり，幅広いエネルギー・配位空間の探索が可能となる．また，各レプリカのMD計算を独立に行うことができるため，並列計算機による計算時間の短縮も容易である．

パスサンプリング法

一般に，タンパク質などの生体高分子はその構造(反応座標)の関数として複雑なポテンシャルエネルギー地形を有しており，以上見てきたように，その熱力学特性やダイナミクスを考察するうえで様々な統計サンプリング手法が開発されている．これらの手法以外にも，生体分子がある始状態から終状態へ構造変化を起こす場合に，その反応経路全体を効率的にサンプリングする手法としてパスサンプリング(path sampling)の方法[12,13]などが知られており，それに関しては付録Dで触れる．

3.2 分子モデリングと力場

3.2.1 原子間に働く力場

前節で述べたように，生体高分子を構成するすべての原子間に働く力がわかれば，ニュートンの運動方程式を解くことにより，座標と速度に関して与えられた初期条件の下，その後の運動状態を古典力学的に追跡することができる(分子動力学シミュレーション)．エルゴード性を満たすほどの十分長い時間にわたって計算を行えば，原理的には平衡状態の物性量・熱力学量を求めることも可能である．しかしながら，非平衡ダイナミクスの振舞いや平衡状態での物性値が，シミュレーション対象となっている現実系の値(実験値・観測値)とどの程度一致し得るかは，原子間に働く力，すなわち**力場**のモデリング精度に依存する．なお，実験値との比較は，次章で述べるようなよりマクロなスケールの粗視化モデルを用いたシミュレーションによっても可能であるが，以下ではまず，原子レベルの解像度による，いわゆる「全原子モデル」[14,15]を想定し

て議論を進める.

ところで,「原子間に働く力」をいくつかのパラメーターを用いて表現することは多くの場合近似的な実効理論であり,より正確には,構成要素の原子核と電子から量子力学的な電子論(第2章参照)に立脚して,その時々の原子配置に対して計算を行うのが望ましいことは言うまでもない.しかしながら,細胞中のタンパク質や核酸のような多原子系を対象としてシミュレーションを行う場合には,そのように分子ダイナミクスを記述することは(計算コスト的に)得策でない場合が多く,原子座標の関数としてのパラメトライズされた力場を用いることが現実的な選択となる.今までに開発されてきた大部分の生体分子用力場は,原子核の位置が決まれば電子の状態が瞬時に呼応して決まるというボルン-オッペンハイマー近似[15]に基づき,電子の自由度を実効的に消去(一種の粗視化)し,系に含まれるすべての原子座標$\{r_i\}$の関数として,化学的な直観に合致する形で全系のポテンシャルエネルギー$U(\{r_i\})$を与えるように構築されている.

タンパク質や核酸などの生体高分子用に開発された力場(ポテンシャルエネルギー)としては,AMBER (Assisted Model Building with Energy Refinement), CHARMM (Chemistry at Harvard Macromolecular Mechanics), OPLS (Optimized Potentials for Liquid Simulations), GROMOS (Groningen Molecular Simulation)などがよく知られている[3,15].これらの汎用力場は,概ね共通して以下のような関数形を採用している[14].

$$U(\{r_i\}) = \sum_{\text{bonds}} \frac{k_i}{2}(l_i - l_{i,0})^2 + \sum_{\text{angles}} \frac{K_i}{2}(\theta_i - \theta_{i,0})^2$$
$$+ \sum_{\text{dihedrals}} \sum_n \frac{V_n}{2}[1 + \cos(n\phi - \gamma)]$$
$$+ \sum_{i<j}^{N} \left\{ 4\epsilon_{ij}\left[\left(\frac{\sigma_{ij}}{r_{ij}}\right)^{12} - \left(\frac{\sigma_{ij}}{r_{ij}}\right)^6\right] + \frac{q_i q_j}{4\pi\varepsilon_0 r_{ij}} \right\}. \quad (3.22)$$

(3.22)式の右辺において,最初の3項は隣接して化学結合によりつながった2-4個の原子の間に働く結合相互作用を表している(図3.1参照).第1項は,化学結合(ボンド)により直接つながった2原子間の調和振動子的な相互作用ポテンシャルであり,l_iが原子間距離,$l_{i,0}$が平衡ボンド長,k_iが力の定数(iは

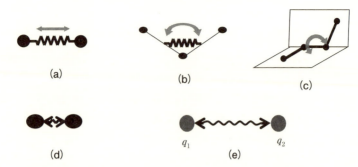

図 3.1 原子間に働く力場ポテンシャルの構成要素((3.22)式参照).(a)2原子間ボンド(化学結合)相互作用.(b)3原子のなす角度による相互作用.(c)4原子のなす二面角相互作用.(d)中性原子間のファン・デル・ワールス相互作用.(e)電荷(q_1, q_2)を持った2原子間の静電相互作用.

各原子ペア)を表す.第2項は図3.1(b)に示すような3原子のなす角度 θ_i に依存する調和ポテンシャルであり,$\theta_{i,0}$ が平衡角度,K_i が力の定数を表す.そして第3項は,4原子のうち隣接する3原子がつくる二つの平面がなす角度 ϕ(ねじれ角)に依存する相互作用エネルギーで二面角ポテンシャルと呼ばれる(図3.1(c)参照).ここで,γ は位相差であり,ϕ の n 次高調波に対しそれぞれ強度 V_n を選ぶことにする.一方,(3.22)式の第4項,第5項は2原子間の距離 r_{ij} に依存する非結合相互作用であり,前者がファン・デル・ワールスあるいはレナード・ジョーンズ項,後者が静電(クーロン)項と呼ばれる.第4項の σ_{ij} と ϵ_{ij} はそれぞれ距離パラメター,エネルギーパラメターであり,第5項における q_i, ε_0 は原子電荷と真空の誘電率を表す.原子間のいわゆる(ロンドン)分散力は第4項により表現される.

(3.22)式に現れる様々なパラメターは,原則として,この力場を用いて行われる分子シミュレーションの結果が生体分子系に対する実際の実験や観測結果(安定構造や振動スペクトル,熱力学量など)と整合的になるように選ばれる.また,関与する電子を考慮した量子化学計算を実行し,原子核の座標を変化させたときのエネルギー変化からパラメターを決めることも行われる.例えば,(3.22)式の1-3項の化学結合(bonding)相互作用エネルギー項は分子の変形に伴うエネルギー変化を計算することでパラメトライズできる.また,静電相互

作用項に関しては，エネルギー最安定構造での静電ポテンシャルを再現するように各原子電荷を決めることができる．ファン・デル・ワールス項は，中性（非極性）分子間の交換斥力や分散力を再現するようにパラメーターが決められる．なお，近距離斥力の関数形には，(3.22)式のレナード・ジョーンズ型の逆12乗ポテンシャルではなく指数型のバッキンガム・ポテンシャルが用いられることもある[14,15]．生体分子の比較的小さな部分構造（アミノ酸や核酸塩基など）を切り出せば，それに対する，付録Bで述べた結合クラスター法の一種であるCCSD(T)近似などの高精度の分子軌道計算も最近では可能であるため[16]，それらの計算結果に基づいて得られたパラメーター値は実験結果に頼ることなく（第一原理的・非経験的に）信頼性の高いものとなることが期待される．

3.2.2 力場の精度

上で述べたように設定された生体高分子用の力場は，現状ではどのくらいの精度を持つものであろうか．以下では，文献等で議論されることが多い，二面角項，静電項，ファン・デル・ワールス項について，それらの問題点を簡単に紹介する．

二面角ポテンシャルの問題点

まず，隣接する3原子がつくる二つの平面がなす，ねじれ角に依存する相互作用エネルギー，二面角ポテンシャルであるが，この項は従来，検討が比較的疎かにされてきた経緯がある．この点を批判的に論じた例を挙げよう[17]．リボヌクレアーゼAのCペプチドとstreptococcal protein GのB1ドメインは13残基，16残基の小型タンパク質で，それぞれタンパク質の典型的な2次構造[1]．*1であるαヘリックス，あるいはβストランド（ヘアピン）構造をとりやすいことが知られており，以下，Cペプチド，Gペプチドと呼ぶことにする．これらのペプチドを水分子で取り囲んだ系を考え，3.1.3節で述べた，マルチカノニカル法およびレプリカ交換法を用いて安定構造を探る，分子動力学(MD)シミュレーションが行われた．力場として，AMBER94，AMBER96，

---

*1 図3.2にタンパク質の典型的な2次構造であるαヘリックスとβストランド構造を示す．

48　第3章　古典力学的分子シミュレーション

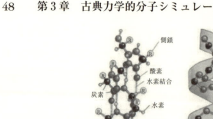
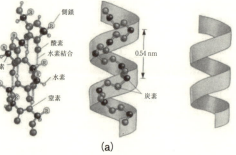
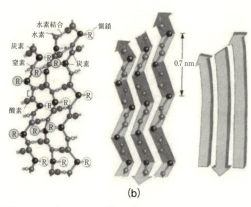

図3.2　タンパク質の典型的な2次構造である(a)αヘリックスと(b)βストランド（シート）．ともに水素結合が構造形成の主要な相互作用である（文献[1]より）．

AMBER99，CHARMM22，OPLS-AA/L，GROMOS96の6種類を用い，温度300-700 Kの範囲でMD計算を十分長時間行ったところ，Cペプチドに対して正しくαヘリックス構造を再現したのがAMBER99とCHARMM22力場，Gペプチドに対して正しくβストランド構造を再現したのはOPLS-AA/LとGROMOS96力場のみであり，それ以外の力場では，例えばAMBER94はαヘリックス構造を有利にしすぎ，AMBER96はβストランド構造を有利にしすぎる傾向が顕著であった．結論として，二つのペプチド両方の安定構造を正確に再現できる力場はこの六つの中にはなく，何より重要な点は，用いる力場の種類によって，結果に大きな差が出ることであった．このことは力場の中で特に二面角項のみを抽出してその角度依存性を比較してみると理由が明らかで

あり，その関数形やエネルギーの値は力場毎に大きく異なっていた．とくに，AMBER94 と AMBER96 は他のエネルギー項は同じで二面角項のみが異なっており，そのことが前者が α ヘリックス構造を有利にし，後者が β ストランド構造を有利にする端的な原因となっていることがわかった．すなわち，バックボーン (主鎖) の二面角エネルギー項がペプチド・タンパク質の二次構造形成の傾向をほぼ決めており，しかしながら，その定量的な扱いは極めて杜撰になされていたのである．実際，別の研究[18]では，二面角エネルギー項を α ヘリックス構造あるいは β ストランド構造を有利にするように作り変えることで，他のエネルギー項はそのままにしたまま，α ヘリックスと β ストランドを安定な構造としてある程度自在に得ることができることも示されている．このように，二面角ポテンシャル項の正確な記述は力場の改良・改善において重要な課題であり，現在もその努力が続けられている[16]．

原子電荷の決定

次に，(3.22)式の最後の項として現れる静電項について述べる．これは，生体分子を構成するすべての原子間に働くクーロン相互作用の和として表されるが，重要なポイントとして，各原子に割り当てられる原子電荷 q_i は実験で観測可能な物理量 (オブザーバブル) ではなく，したがって，その値はシミュレーションを実験事実等と整合的に行うための「仮初の」量であるということである．そのため，原子電荷 q_i を決める方法としては，これまでに様々な手法 (例えば，マリケン電荷[14,15]を使うなど) が提案され，そうやって決められた値はかなりのばらつきを示している．そのうち，AMBER 力場等で用いられている一つの標準的な手法を紹介すると，例えば，1アミノ酸残基などの比較的小さな分子に対して量子化学計算を行って分子周辺の静電ポテンシャルを求め，その静電場をできるだけ再現するように各原子に割り振る電荷を最小2乗法などで決めるというやり方である[19]．その際，静電場再現の精度のみをコスト関数として最適化を行うと往々にして (絶対値が非常に大きくなるなどの)「非物理的」な原子電荷が得られることがあり，それを防ぐために，電荷が取り得る値に何らかの制約条件を課すことが行われる (いわゆる「正規化」)．例えば，電荷の2乗和をコスト関数に付け加えるなどの方法が用いられ，こうして得られる原子電荷を Restrained Electrostatic Potential (RESP) 電荷と呼

ぶ[20]．ところで，先に第2章で述べたように，最近では1アミノ酸残基などの比較的小さな分子だけでなく，タンパク質全体の第一原理的な量子化学計算もFMO法などを用いることで可能である．そうであれば，こういった静電ポテンシャルの再現をタンパク質の周辺全体で原子電荷の決定の条件として課すことも可能となってきている．その場合，最小化すべきコスト関数は一般に，

$$\tilde{\chi}^2_{\text{ESP}} = \chi^2_{\text{ESP}} + \chi^2_{\text{harmonic}} \tag{3.23}$$

のように書かれる．ここで，右辺第1項は量子化学計算で求めた静電ポテンシャルと原子電荷から計算したものとのずれを表し，第2項は，

$$\chi^2_{\text{harmonic}} = k \sum_i (q_i - q_{0i})^2 \tag{3.24}$$

のように，何らかの参照電荷 q_{0i} との差の2乗和を重み k でコスト関数に付け加える．その際，$q_{0i}=0$ とすると通常のRESP電荷の決め方と同様であるが，すでにAMBER等の力場で使われている原子電荷があれば，それを参照電荷として用いれば，他の力場項との相性もよいと考えられる[21,22]．実際に，このようにして決められた原子電荷を用いることで，タンパク質とリガンド分子の結合自由エネルギーの評価値に改善が見られることも報告されている[23]．

ファン・デル・ワールス項の表現

力場ポテンシャル(3.22)式の第4項として現れるファン・デル・ワールス（レナード・ジョーンズ）項は，電子による交換斥力を表す原子間距離 r_{ij} の12乗に反比例する項と，ロンドン分散力を表す原子間距離 r_{ij} の6乗に反比例する引力項の和として表現されており，これらはいずれも電子の量子力学的効果に起因する．特に後者は第2章で述べた電子相関効果と関係し，誘起電気双極子間に働く，（HF近似のような）平均場近似では記述できない相互作用である．これには例えば疎水性残基間に働く π-π あるいは CH-π などの比較的弱い相互作用も含まれる[24]が，芳香環全体に広がった π 軌道の電子による寄与を原子間相互作用の和として従来の力場の関数形でうまく表現できるかどうか等の基本的な問題もあり，今後より定量的な力場表現を目指すうえで改良の余地のある点であると考えられる．また，生体分子系の相互作用を考えるうえで最も重要なものの一つである水素結合[15]を表現する項が(3.22)式には露わには含まれていない．現状の多くの力場では，水素結合の寄与は静電項とレナード・

ジョーンズ項の合成として実効的に表現されていることになっており，その妥当性に関しても検討の余地が残されている．さらに，プロトンのような軽い原子核が持つ量子効果[25,26]も(実験構造や振動スペクトルを再現するという意味で)力場には陰に取り入れられていることになっているが，この点も将来の検討課題であろう．

3.3 環境効果

3.3.1 溶媒効果：連続誘電体モデル

前節では，生体高分子を構成する原子間に働く力をどう表現するかについて述べた．ところで，一般には，細胞中などではタンパク質や核酸分子は各種イオン・分子などを含む溶媒(主として水)に取り囲まれて機能を発現するため，安定構造の熱力学やゆらぎのダイナミクスにおいては溶媒の影響が環境効果として重要である．そこでここでは，生体分子シミュレーションにおける溶媒効果の記述に関して述べる．溶媒の影響をどのように取り入れるかについては，大きく分けて，溶媒分子を生体分子と同様に分子シミュレーションに露わに取り入れる(explicit)モデルと，溶媒の効果を連続誘電体として記述する(implicit)モデルの二つがあり，まずは後者について説明する．

溶媒が直接化学反応に関わらず，また水素結合やプロトン化・プロトン移動などの局所的な効果がさほど重要ではない場合は，溶媒を連続体として記述することが生体分子シミュレーションのコストパフォーマンス上有効な選択となる．生体分子を含む系の溶媒中における(真空中と比べた)自由エネルギーの変化，すなわち，溶媒和自由エネルギーは一般に，

$$\Delta G_{sol} = \Delta G_{elec} + \Delta G_{vdW} + \Delta G_{cav} \tag{3.25}$$

と書かれる*2．ここで，ΔG_{elec}，ΔG_{vdW}，ΔG_{cav} はそれぞれ，溶媒和自由エネルギーの静電，ファン・デル・ワールス，空洞形成成分を示す．そこでまず，第1項の ΔG_{elec} の評価について考える．

---

*2 水溶液中の生体分子系の自由エネルギー変化を考えるとき，系の外部にする仕事の寄与は小さいと考え，ヘルムホルツの自由エネルギーとギブスの自由エネルギーを区別しないで用いられることが多い．

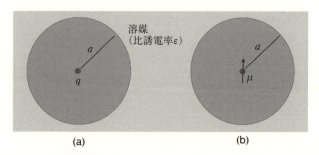

図 3.3 溶媒効果の連続誘電体モデル．半径 a の球状の空洞(図では塗りつぶされている)が比誘電率 ε の溶媒中にあるとする．(a)ボルンモデル(中心に電荷 q)．(b)オンサーガーモデル(中心に電気双極子モーメント μ)．

最も簡単な例として，電荷 q を持つイオンの周りに半径 a の球状の空洞(真空)を考え，それが比誘電率 ε の連続誘電体に取り囲まれている場合(図 3.3(a))を考える．このようなモデルをボルン(Born)モデルと呼び，この場合の静電的な溶媒和自由エネルギーは，

$$\Delta G_{\text{elec}} = -\frac{q^2}{2a}\left(1-\frac{1}{\varepsilon}\right) \tag{3.26}$$

となる．実際に ΔG_{elec} を求めるためには空洞球の半径 a を定める必要があるが，通常は実験値を再現するようにイオン半径より若干大きめに経験的に選ばれる．一方，空洞の中心に電荷(単極子)ではなく，大きさ μ の電気双極子を置く場合(図 3.3(b))はオンサーガー(Onsager)モデルと呼ばれ，その場合の溶媒和自由エネルギーは，

$$\Delta G_{\text{elec}} = -\frac{\varepsilon-1}{(2\varepsilon+1)a^3}\mu^2 \tag{3.27}$$

となる．これら(3.26)，(3.27)式は，一般に空洞の中心に置かれた多重極子と誘電体との相互作用(帯電)エネルギーをルジャンドル多項式 $P_n(x)$ 展開で表した際の $n=0,1$ の項となっている．

上記の計算スキームを，空洞中に置かれた分子が誘電体表面に電荷を誘起し，その作る電場が空洞中の分子と相互作用するという反応場モデルと見なせば，古典力場モデルだけでなく，分子を量子力学的に扱う手法とも組み合わせることができる．その場合，系のハミルトニアンを気相(真空)中の孤立分子に

対する H_0 と反応場による寄与 H_{RF} の和として,

$$H_{tot} = H_0 + H_{RF} \tag{3.28}$$

と表せば, オンサーガーモデルの場合,

$$H_{RF} = -\mu \cdot \frac{2(\varepsilon-1)}{(2\varepsilon+1)a^3} \langle \Psi|\mu|\Psi \rangle \tag{3.29}$$

と書かれる. ここで, μ は電気双極子モーメント演算子, Ψ は反応場による分極を考慮した分子の波動関数である. このとき, 溶媒和自由エネルギーへの寄与は,

$$\Delta G_{elec} = \langle \Psi|H_{tot}|\Psi \rangle - \langle \Psi_0|H_0|\Psi_0 \rangle + \frac{\varepsilon-1}{(2\varepsilon+1)a^3}\mu^2 \tag{3.30}$$

と表される (Ψ_0 は気相中の孤立分子の波動関数). この式の最後の項は, 帯電(charging)による補正項を表している.

さらに, 一般に分子の場合, 空洞を球状ではなく, 分子の形状に合わせた, より現実的な形にとることが望ましい. 一つの近似として, 溶質分子を構成する原子のファン・デル・ワールス半径を基に, それに沿って空洞を構成することが考えられ, このようなモデルを PCM (Polarizable Continuum Model)[14,15] と呼ぶ. この場合, ΔG_{elec} の計算は数値的に行われ, いくつかの非経験的量子化学計算プログラムにはすでに PCM が組み込まれている. これらの計算においては, 空洞表面を点電荷 (q_i) を持つ多数の小さな面積要素 (座標 $\boldsymbol{r}_i$) に分割し, 各面積要素での静電ポテンシャルを

$$\phi(\boldsymbol{r}_i) = \phi_\rho(\boldsymbol{r}_i) + \phi_\sigma(\boldsymbol{r}_i) \tag{3.31}$$

と表す. ここで, $\phi_\rho(\boldsymbol{r}_i)$ は空洞中の溶質分子からの寄与, $\phi_\sigma(\boldsymbol{r}_i)$ は他の面積要素の電荷からの寄与である. このとき, 個々の面積要素に対する点電荷を求めるために, まず初期値として, 溶質分子の電荷分布を固定して得られる電場 E_i から,

$$q_i = -\frac{\varepsilon-1}{4\pi\varepsilon}E_i\Delta S_i \tag{3.32}$$

と置く (ΔS_i は面積要素の表面積). 次にこれから $\phi_\sigma(\boldsymbol{r})$ ならびに新たな $\phi(\boldsymbol{r})$ を求め, それから新たな q_i を求める操作を自己無撞着 (self-consistent) な $\{q_i\}$, $\phi_\sigma(\boldsymbol{r})$ が得られるまで繰り返す. そして, このようにして得られた $\phi_\sigma(\boldsymbol{r})$ からハミルトニアン (3.28) における H_{RF} を構築し, 溶質分子に対する量子化学計

算を開始する．分子の波動関数 Ψ，面積要素の電荷 q_i，静電ポテンシャル $\phi(\boldsymbol{r})$ に対する自己無撞着解が得られれば，溶媒和自由エネルギーの静電成分を

$$\Delta G_{\text{elec}} = \langle \Psi | H_{\text{tot}} | \Psi \rangle - \langle \Psi_0 | H_0 | \Psi_0 \rangle - \frac{1}{2} \int d\boldsymbol{r} \rho(\boldsymbol{r}) \phi(\boldsymbol{r}) \tag{3.33}$$

のように評価することができる．ここで，$\rho(\boldsymbol{r})$（各面積要素に対しては $\sum_i q_i \delta(\boldsymbol{r} - \boldsymbol{r}_i)$）は自己無撞着な電荷分布である．なお，PCM 法のバリエーションの一つとして COSMO (Conductor-like Screening Model) 法[14,15]が知られており，そこでは比誘電率を $\varepsilon \to \infty$（完全導体）として取り扱いを簡便にしている．

実際に Amber などの分子力学・分子動力学計算用のソフトウェアに実装されている溶媒モデルとしてよく知られているものに**一般化されたボルン** (Generalized Born ; GB) **モデル**[14,15]がある．これは上で述べた点電荷に対するボルンモデルを拡張したもので，電荷 q_i，半径 a_i を持つ粒子の集まりからなる系が比誘電率 ε の連続媒質中に置かれているときの全静電自由エネルギー

$$\begin{aligned} G_{\text{elec}} &= \sum_{i<j} \frac{q_i q_j}{\varepsilon r_{ij}} - \frac{1}{2}\left(1 - \frac{1}{\varepsilon}\right) \sum_i \frac{q_i^2}{a_i} \\ &= \sum_{i<j} \frac{q_i q_j}{r_{ij}} - \left(1 - \frac{1}{\varepsilon}\right) \sum_{i<j} \frac{q_i q_j}{r_{ij}} - \frac{1}{2}\left(1 - \frac{1}{\varepsilon}\right) \sum_i \frac{q_i^2}{a_i} \end{aligned} \tag{3.34}$$

より，溶媒和静電自由エネルギーとして

$$\Delta G_{\text{elec}} = -\left(1 - \frac{1}{\varepsilon}\right) \sum_{i<j} \frac{q_i q_j}{r_{ij}} - \frac{1}{2}\left(1 - \frac{1}{\varepsilon}\right) \sum_i \frac{q_i^2}{a_i} \tag{3.35}$$

とするものである．ここで r_{ij} は二つの電荷 q_i, q_j 間の距離であり，古典力学系の場合には，電荷の値は固定値となる．生体分子系などへの実際の応用においては，これを少し修正して，

$$\Delta G_{\text{elec}} = -\frac{1}{2}\left(1 - \frac{1}{\varepsilon}\right) \sum_{i,j} \frac{q_i q_j}{f(r_{ij}, a_{ij})}, \tag{3.36}$$

$$f(r_{ij}, a_{ij}) = \sqrt{r_{ij}^2 + a_{ij}^2 e^{-D}}, \tag{3.37}$$

$a_{ij} = \sqrt{a_i a_j}$，$D = r_{ij}^2/(2a_{ij})^2$ などの形で用いられることが多い[27,28]．

また，GB モデルと並んでよく用いられる連続誘電体モデルに**ポアソン-ボルツマン**(Poisson-Boltzmann；PB)**方程式**[14,15]に基づくものがある．これは，空間座標に依存する誘電率 $\varepsilon(\boldsymbol{r})$ を持つ媒質中の静電ポテンシャル $\phi(\boldsymbol{r})$ と電荷密度 $\rho(\boldsymbol{r})$ がポアソン方程式

$$\nabla \cdot [\varepsilon(\boldsymbol{r}) \nabla \phi(\boldsymbol{r})] = -4\pi \rho(\boldsymbol{r}) \tag{3.38}$$

を満たすことから出発する．媒質中に電荷 $z_i e$ を持つイオンが多種類存在するとき，その数密度(濃度)は，バルクの数密度を n_i^0 として温度 T でボルツマン分布

$$n_i(\boldsymbol{r}) = n_i^0 \exp\left[-\frac{z_i e \phi(\boldsymbol{r})}{k_B T}\right] \tag{3.39}$$

すると考えられる．すべてのイオン種(i)による電荷密度

$$\rho_{\mathrm{ion}}(\boldsymbol{r}) = \sum_i z_i e n_i(\boldsymbol{r}) \tag{3.40}$$

と固定された電荷分布による寄与 $\rho_{\mathrm{fix}}(\boldsymbol{r})$ から全電荷密度

$$\rho(\boldsymbol{r}) = \rho_{\mathrm{fix}}(\boldsymbol{r}) + \rho_{\mathrm{ion}}(\boldsymbol{r}) \tag{3.41}$$

を求め，これを(3.38)式に代入して，PB 方程式

$$\nabla \cdot [\varepsilon(\boldsymbol{r}) \nabla \phi(\boldsymbol{r})] = -4\pi \rho_{\mathrm{fix}}(\boldsymbol{r}) - 4\pi \sum_i n_i^0 z_i e \exp\left[-\frac{z_i e \phi(\boldsymbol{r})}{k_B T}\right] \tag{3.42}$$

が得られる．静電ポテンシャル $\phi(\boldsymbol{r})$ が弱い場合は，(3.42)式の右辺第2項の指数関数をテイラー展開して，荷電中性の条件($\sum_i n_i^0 z_i e = 0$)を考慮し，

$$\nabla \cdot [\varepsilon(\boldsymbol{r}) \nabla \phi(\boldsymbol{r})] = -4\pi \rho_{\mathrm{fix}}(\boldsymbol{r}) + \frac{4\pi}{k_B T} \sum_i n_i^0 z_i^2 e^2 \phi(\boldsymbol{r}) \tag{3.43}$$

となる．これを線形化 PB 方程式と呼び，この解として静電ポテンシャル $\phi(\boldsymbol{r})$ を数値的に求めることで静電自由エネルギーを算出できる．このような PB 法は，2.3 節で述べた FMO 法と組み合わせて，生体高分子のような巨大な分子系への適用も可能である[29,30]．

以上の議論は，(3.25)式の溶媒和自由エネルギーの静電項 ΔG_{elec} に関するものであった．静電項は溶媒和自由エネルギーにおいて主要な寄与を与えるが，それ以外のファン・デル・ワールス項，空洞形成項も大事な役割を果たす場合も多い．この部分の見積もりに関しては，近似的に，

$$\Delta G_{\text{vdW}} + \Delta G_{\text{cav}} = \gamma A + b \qquad (3.44)$$

と評価できることが経験的に知られている．ここで，A は溶質分子の全溶媒接触可能表面積(Solvent Accessible Surface Area；SASA)[14,15]であり，γ，b は定数である．ΔG_{cav} は溶媒中に空洞を形成するための仕事，ならびに空洞周辺の溶媒分子の配置が再構成されるためのエントロピー・ペナルティーを含むが，それらの寄与は概ね第一溶媒和圏からもたらされるため，A に比例すると考えられる．また，ファン・デル・ワールス力も近距離で減衰するため，ΔG_{vdW} も概ね A に比例すると見なしてよさそうである．定数 γ，b の値はアルカンの真空から水への移動に対する自由エネルギーの実験値を基に経験的に与えられている[31]．

また，さらに簡単な溶媒和モデルとして，静電項も含めてすべての溶媒和自由エネルギーを

$$\Delta G_{\text{sol}} = \sum_i a_i S_i \qquad (3.45)$$

のように，溶質分子を構成する原子 i の溶媒接触可能表面積 S_i と原子の性質に依存するパラメターa_i により経験的に表す Eisenberg-McLachlan のモデルもよく用いられている[32]．

3.3.2 溶媒効果：分子モデル

溶媒効果を生体分子シミュレーションに取り入れるにあたり，実際に水分子などの溶媒分子を生体分子と同様に露わ(explicit)に考慮することは今ではスタンダードなアプローチとなっている．このことの直接的なメリットは，水素結合やプロトン移動などの分子レベルの局所的な効果を比較的近似なしにシミュレーションに取り込むことができる点であり，量子力学的な計算と組み合わせることで，溶質-溶媒間の電荷移動や分極なども記述することができる．一方，シミュレーション上のデメリットは，考慮する溶媒分子の数とともに計算コストが急速に増大する点で，生体分子シミュレーションの場合，通常，対象とする生体分子そのものの原子数よりも溶媒分子の原子数のほうが多くなってしまう．

溶媒分子を分子動力学などのシミュレーションに取り入れる場合，通常，あるサイズの基本(単位)セルを用意し，その中の分子の運動を周期的境界条件の

3.3 環境効果

下で解くことが行われる．その際，静電相互作用に代表される長距離力の記述に有効な手法が**エヴァルトの方法**[2]である．この方法では，単位セル（以下，簡単のために一辺 L の立方体とする）に含まれるすべての粒子 i の電荷 q_i の総和を電気的に中性にし，粒子 i に働く力を，単位セルの他のすべての粒子 j からくるものに加えて，単位セルを周期的に取り囲むすべてのセルに含まれる（鏡像）粒子からの寄与も無限和として取り込む．例えば静電（クーロン）力の場合，他の粒子およびすべての鏡像からの寄与を実空間と逆格子空間における和に分割して，全ポテンシャルエネルギーを

$$V = \frac{1}{2}\sum_{i,j}[V_1(\boldsymbol{r}_{ij}) + V_2(\boldsymbol{r}_{ij}) + V_3], \tag{3.46}$$

$$V_1(\boldsymbol{r}_{ij}) = \sum_{n=0}{}' \frac{q_i q_j \,\mathrm{erfc}(\alpha|\boldsymbol{r}_{ij}+\boldsymbol{n}|)}{|\boldsymbol{r}_{ij}+\boldsymbol{n}|}, \tag{3.47}$$

$$V_2(\boldsymbol{r}_{ij}) = \sum_{k \neq 0} \frac{4\pi^2 q_i q_j}{\pi L^3 k^2} \exp\left(-\frac{k^2}{4\alpha^2}\right)\cos(\boldsymbol{k}\cdot\boldsymbol{r}_{ij}), \tag{3.48}$$

$$V_3 = -\frac{\alpha}{\sqrt{\pi}}\sum_k q_k^2 + \frac{2\pi}{3L^3}\left|\sum_k q_k \boldsymbol{r}_k\right|^2 \tag{3.49}$$

のように書き表す．ここで，$\boldsymbol{r}_{ij} = \boldsymbol{r}_i - \boldsymbol{r}_j$ は単位セル内の粒子 i, j を結ぶベクトル，$V_1(\boldsymbol{r}_{ij})$ 中の総和記号につけたダッシュはセルを指定するインデックス・ベクトル $\boldsymbol{n} = (\pm n_x, \pm n_y, \pm n_z)L$ $(n_x, n_y, n_z = 0, 1, 2, ...)$ が 0 のとき $i = j$ の相互作用を含めないことを表し，α は逆格子ベクトル $\boldsymbol{k} = 2\pi\boldsymbol{n}/L$ の次元を持つ調整パラメターである．

エヴァルトの方法を使わずに静電力のカットオフを行うシミュレーションでは，一般に，境界の影響により，原子ゆらぎの過大評価が見られる傾向がある．エヴァルトの方法を使うことで溶媒分子を多数露わに含んだ精度のよい計算が可能となるが，このようにして静電相互作用の計算に必要な時間は概ね基本セルに含まれる粒子数 N の 2 乗のオーダー $O(N^2)$ である．逆格子空間の求和計算に高速フーリエ変換（Fast Fourier Transform；FFT）を用いれば，この計算時間を $O(N \ln N)$ にすることができることが知られていて，その場合，FFT を使うために電荷とポテンシャルを格子状に分布させる必要がある．この手法を粒子メッシュ・エヴァルト（Particle Mesh Ewald；PME）法[33]と呼

び，各粒子位置でのポテンシャルや力は格子点上の値を内挿して求めることになる．例えば DNA は多数の電荷を持つため，PME 法が有効な系の一つである[34]．

なお，生体分子系の溶媒分子モデルを考えるうえで最も重要となる水(H_2O)分子のモデリングについては付録 E に簡単にまとめた．

3.3.3 プロトン化状態

実際に生体分子シミュレーションを行うにあたって注意が必要な重要なポイントの一つに**プロトン化状態**の問題がある．例えばタンパク質内のあるアミノ酸の荷電状態は pH などの環境に依存し，それは多くの場合，ある特定のサイトに正の電荷を持ったプロトンがあるかどうかによって決まる．ヒスチジンなどでは置かれた環境に応じて様々なプロトン化状態・荷電状態(正あるいは中性)をとり(図 3.4)，静電相互作用の重要性から，分子間相互作用やタンパク質の機能に顕著な影響を与える．熱力学的には，プロトン化状態は酸解離定数 pK_a によって記述される．

酸 HA からプロトン H^+ が放出される以下の解離反応を考えよう．

$$HA \rightarrow A^- + H^+ \tag{3.50}$$

この反応の平衡定数の(常用)対数として pK_a が定義される：

$$pK_a = -\log_{10} \frac{[A^-][H^+]}{[HA]} \tag{3.51}$$

一方，反応(3.50)の自由エネルギー変化を ΔG とすると，温度 T と気体定数

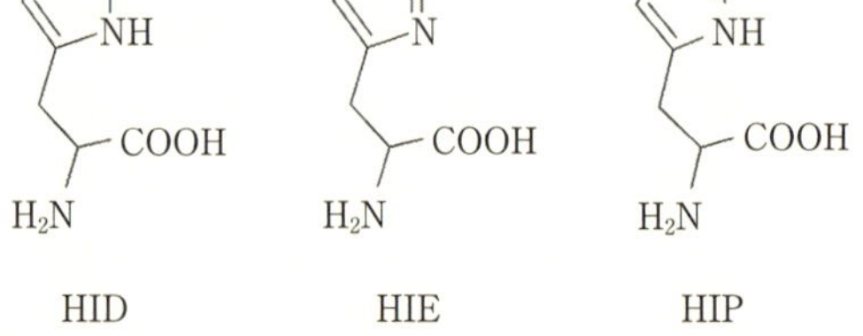

図 3.4 ヒスチジン(His)の三つのプロトン化状態．左から，中性の HID，中性の HIE，+1 に荷電した HIP．

R を用いて，

$$\frac{\Delta G}{RT} = -\ln\frac{[\mathrm{A}^-][\mathrm{H}^+]}{[\mathrm{HA}]} \tag{3.52}$$

と表される（ここで自然対数 ln を用いていることに注意）．したがって，pK_a と ΔG の間には以下のような簡単な関係式がある（$\ln 10 = 2.303$）：

$$pK_a = \frac{\Delta G}{\ln 10 \times RT}. \tag{3.53}$$

ところで，$pH = -\log_{10}[\mathrm{H}^+]$ に注意すると，(3.52)式より，

$$\frac{\Delta G}{RT} = \ln\frac{[\mathrm{HA}]}{[\mathrm{A}^-]} + pH \times \ln 10 \tag{3.54}$$

となるので，θ をプロトン化された状態，すなわち，HA の割合とすると，

$$\theta = \frac{[\mathrm{HA}]}{[\mathrm{HA}] + [\mathrm{A}^-]} \tag{3.55}$$

の定義より，

$$\frac{\theta}{1-\theta} = \exp[\ln 10(pK_a - pH)] \tag{3.56}$$

となる．すなわち，あるサイトがプロトン化されるかどうかは，その位置での pK_a と pH がわかればわかることになる．与えられた環境変数 pH に対して，$pK_a = pH$ となれば，$\theta = 0.5$，すなわち，ちょうど半分の割合だけプロトン化されていることになる．

　（生体）分子が置かれた（溶媒や pH などの）環境に応じてどのような pK_a の値を持つかを算出するアプローチにはいくつかの方法が知られている．例えば，特定のアミノ酸に対して，ある溶媒環境下で ΔG の値を評価できれば，(3.53)式により pK_a が算出できる．これを，解離過程に対する量子化学計算と溶媒和効果に対する溶液理論（積分方程式法や連続誘電体モデルなど）を組み合わせて行うなどの試みがすでになされており [35,36]，今後さらなる定量化・高精度化が望まれる．また，タンパク質のようにプロトン化状態が変化し得るアミノ酸サイトが多数ある場合，一つのアミノ酸だけに注目するのではなく，それらの間の静電相互作用も考慮する必要がある．その場合，問題は「多体問題」となり，(3.56)式は各サイト i 毎に，

$$\frac{\theta_i}{1-\theta_i} = \exp\left[\ln 10(pK_a^i - pH) - \frac{e\phi_i}{RT}\right] \tag{3.57}$$

と書かれることになる．ここで，ϕ_i はそのサイト i における，他のサイトからの静電ポテンシャルであり，その値は自己無撞着に決められなければならない．この問題を解決するために，平均場近似を用いる方法[37]や，各サイトのプロトン化の有無を変数 $x_i = 0, 1$ で表現して分配関数

$$Z = \sum_{\{x_i\}} \exp\left[\sum_i \ln 10(pK_a^i - pH)x_i - \frac{V(\{x_j\})}{RT}\right] \quad (3.58)$$

を考え（V は静電ポテンシャルエネルギー），各サイトのプロトン化の割合を統計力学的に

$$\langle \theta_i \rangle = \frac{\sum_{\{x_i\}} x_i \exp\left[\sum_i \ln 10(pK_a^i - pH)x_i - \frac{V(\{x_j\})}{RT}\right]}{Z} \quad (3.59)$$

と算出する方法[38, 39]などが提案されている．あるいは，(3.56)式で用いられる実効的な pK_a 値を pH や静電環境，周囲の水素結合などに応じて経験的に定める手法[40]なども開発されており，現在では，生体高分子のプロトン化状態を推定する様々な手法が多くのソフトウェアに実装されている[41-44]．

3.3.4 温度と圧力の制御

温度の制御

分子シミュレーションを，エネルギーと粒子密度（濃度）を固定して行うのではなく，定まった温度と圧力の下で行いたい場合が多くある．そのような場合のために，系の温度と圧力を制御する分子動力学(MD)シミュレーション手法がいくつか知られている．

まず，温度の制御に関して述べよう．3次元空間で系の粒子数を N，全運動エネルギーを K とするとき，系の均質性を仮定した場合の絶対温度は

$$T = \frac{2K}{3Nk_B} \quad (3.60)$$

のように評価できる．したがって，時刻 t における質量 m_i の各粒子の速度を v_i としたときの温度

$$T(t) = \frac{1}{3}\sum_{i=1}^{N} \frac{m_i v_i^2}{Nk_B} \quad (3.61)$$

はすべての粒子の速度を λ 倍にすると，

$$\Delta T = \frac{1}{3}\sum_{i=1}^{N}\frac{m_i(\lambda v_i)^2}{Nk_\mathrm{B}} - T(t) = (\lambda^2 - 1)T(t) \tag{3.62}$$

だけ変化することになる．最も単純な方法は，設定したい系の温度を $T_\mathrm{bath} = \lambda^2 T(t)$ として，$\lambda = \sqrt{T_\mathrm{bath}/T(t)}$ とすることであるが，これだと多くの場合，系の状態変化が急すぎてシミュレーションが不安定になる．そこで，温度緩和時間 τ を導入して，

$$\frac{\mathrm{d}T(t)}{\mathrm{d}t} = \frac{1}{\tau}[T_\mathrm{bath} - T(t)] \tag{3.63}$$

のように，徐々に温度をターゲット値 T_bath に近づけていく方法が提案された[45]．このとき，MD の時間ステップを δt とすると，

$$\Delta T = \frac{\delta t}{\tau}[T_\mathrm{bath} - T(t)] \tag{3.64}$$

であり，これを (3.62) 式と等しいと置くと，

$$\lambda^2 - 1 = \frac{\delta t}{\tau}[T_\mathrm{bath}/T(t) - 1] \tag{3.65}$$

となる．仮に $\tau = \delta t$ ならば上の速度スケーリング法と一致するが，実際には，$\delta t = 1$ fs，$\tau = 0.4$ ps など，τ のほうがかなり大きく選ばれ，系はターゲット温度 T_bath に τ 程度の時間で徐々に近づいていくことになる．

しかしながら，上で述べたような速度スケーリング法は，一般に，系の成分間の温度差を広げ，溶質の温度が溶媒より低くなる傾向があることが知られている[46]．これは，上記の手法では温度 T における厳密な正準 (カノニカル) 集団を発生できないことと関係しており，そのため，エネルギーの不均一な分布がもたらされやすい．そこで，カノニカル分布を与える温度制御法がいくつか提案されており，その中でしばしば用いられるのが以下の能勢-フーバー法[47,48]である．この方法では，質量 m_i，座標 $\boldsymbol{r}_i$，運動量 $\boldsymbol{p}_i$，ポテンシャルエネルギー $U(\{\boldsymbol{r}_i\})$ を持つ N 個の粒子からなる「現実系」に加えて，温度を制御するための新たな自由度 ζ とその仮想質量 Q を導入して，拡張された運動方程式系：

$$\frac{\mathrm{d}\boldsymbol{r}_i}{\mathrm{d}t} = \frac{\boldsymbol{p}_i}{m_i}, \tag{3.66}$$

$$\frac{d\boldsymbol{p}_i}{dt} = -\frac{\partial U}{\partial \boldsymbol{r}_i} - \zeta \boldsymbol{p}_i, \tag{3.67}$$

$$\frac{d\zeta}{dt} = \frac{2}{Q}\left[\sum_i \frac{\boldsymbol{p}_i^2}{2m_i} - \frac{3}{2}Nk_B T_{\text{bath}}\right] \tag{3.68}$$

を解く.すなわち,導入した力学変数 ζ は,現実系の温度と設定した温度 T_{bath} のずれをもとに粒子の運動量の値を調整する役割を担う.このとき,ハミルトニアン $H = \sum_i \boldsymbol{p}_i^2/2m_i + U(\{\boldsymbol{r}_i\})$ を持つ現実系は温度 T のカノニカル分布を構成することが示されている.

なお,上で述べた能勢-フーバー法は運動方程式の積分に乱数を用いない決定論的な温度制御の方法であるが,最近は確率論的な温度制御法であるランジュバン熱浴法[49]が用いられることが多く,それについても触れておく.ランジュバン熱浴法では,上の(3.67)式の代わりに,

$$\frac{d\boldsymbol{p}_i}{dt} = -\frac{\partial U}{\partial \boldsymbol{r}_i} - \gamma \boldsymbol{p}_i + \boldsymbol{\eta}_i \tag{3.69}$$

を用いる.ここで,γ は(力学変数ではなく)摩擦係数として与えられ,新たに,統計平均 $\langle\ \rangle$ として

$$\langle \eta_i(t)\rangle = 0, \tag{3.70}$$

$$\langle \eta_i(t)\eta_j(t')\rangle = 2m_i k_B T_{\text{bath}}\gamma \delta_{ij}\delta(t-t') \tag{3.71}$$

を満たすランダムな揺動力 $\boldsymbol{\eta}_i$ が導入される.この手法では,(3.69)式の形のランジュバン方程式をシミュレートすることで温度制御が行われる.

圧力の制御

次に,圧力制御について述べる.基本的な考え方は温度制御の場合と同様で,スケーリング法[45]の場合,(3.63)式の代わりに,圧力のターゲット値 P_{bath} を設定して,時刻 t での圧力 $P(t)$ が

$$\frac{dP(t)}{dt} = \frac{1}{\tau_p}[P_{\text{bath}} - P(t)] \tag{3.72}$$

を満たすとする.ここで τ_p は圧力緩和時間であり,MDのステップ時間幅を δt とすると,圧力変化を

$$\Delta P = \frac{\delta t}{\tau_p}[P_{\text{bath}} - P(t)] \tag{3.73}$$

だけ起こすために，系の体積を

$$\lambda = 1 + \kappa \Delta P \tag{3.74}$$

倍すればよい．ここで，

$$\kappa = -\frac{1}{V}\left(\frac{\partial V}{\partial P}\right)_T \tag{3.75}$$

は等温圧縮率である．$\kappa \delta t/\tau_p$ の値を適当に定めて λ の値を決め，系の体積を λ 倍するために，単位セル内の各粒子の座標を

$$\bm{r}_i' = \lambda^{1/3} \bm{r}_i \tag{3.76}$$

とスケーリングすればよい．

一方，拡張圧力結合系法[50]では，単位セルの体積 V を力学変数と見なして，その仮想質量を M とし，拡張系のエネルギー：

$$H = \sum_i \frac{1}{2}m_i \dot{\bm{r}}_i^2 + U(\{\bm{r}_i\}) + \frac{M}{2}\dot{V}^2 + P_{\text{bath}} V \tag{3.77}$$

を考える（ドットは時間微分を表す）．このとき，拡張系の運動方程式として，(3.66)-(3.68)式と同様に，

$$\frac{d\bm{r}_i}{dt} = \frac{\bm{p}_i}{m_i} + \frac{\bm{r}_i}{3V}\frac{dV}{dt}, \tag{3.78}$$

$$\frac{d\bm{p}_i}{dt} = -\frac{\partial U}{\partial \bm{r}_i} - \frac{\bm{p}_i}{3V}\frac{dV}{dt}, \tag{3.79}$$

$$\frac{dV}{dt} = \frac{\Pi}{M}, \tag{3.80}$$

$$\frac{d\Pi}{dt} = \frac{1}{3V}\left[\sum_i \frac{\bm{p}_i^2}{m_i} + \sum_i \bm{r}_i \cdot \bm{F}_i\right] - P_{\text{bath}} \tag{3.81}$$

を解くことになる．ここで，Π は V に共役な運動量であり，$\bm{F}_i$ は粒子 i が他の粒子から受ける力である．

3.4 生体分子ダイナミクスと機能解析
3.4.1 主成分解析

タンパク質や核酸分子の機能は，その安定構造とともに構造変化のダイナミクスと強い連関がある場合が多い．そこで，MDシミュレーションなどの計算結果を基に，機能と関係した動的記述子を適切に抽出することが求められる．

分子シミュレーションにおいて，最も典型的に行われる構造ダイナミクス解析の一つに**基準振動解析**がある．この方法では，まず何らかの電子状態計算や力場計算を行って分子のエネルギーが（局所的に）最安定な構造を求め，その周りの分子自由度に関する調和振動を求めることで，調和（基準）モードの形状やその振動数を議論する．この手法は小さな分子に対してはかなり昔から適用されてきたが，タンパク質等の生体高分子のダイナミクス解析に対しても有効な方法であることが知られている[51]．

しかしながら，タンパク質や核酸分子は一般に数多くの原子からなり，多くの原子を含んだ「大規模モード」は，低い振動数を持つ非調和的な運動を示し，それらが機能と密接に関係している場合が多い．そこで，基準振動解析の手法を拡張した，**主成分解析**(Principal Component Analysis；PCA) の方法が開発され，多くの事例に適用されて成功を収めた[52-54]．今，タンパク質等の分子の運動の全自由度を n とし，時間とともに変動する座標を $r_i(t)$ $(i=1,2,...,n)$ として，その質量 (m_i) 重み付き座標変位：

$$R_i(t) = \sqrt{m_i}[r_i(t) - \langle r_i \rangle] \tag{3.82}$$

を考える．ここで，$\langle\ \rangle$ は全データの統計平均である．このとき，座標変位 $R_i(t)$ の分散共分散行列 $\langle R_i(t) R_j(t) \rangle$ を対角化する変換：

$$R_i(t) = \sum_{j=1}^{n} U_{ij} Q_j(t), \tag{3.83}$$

$$\sum_{j=1}^{n} U_{ij}^2 = 1 \tag{3.84}$$

により基準座標 $Q_i(t)$ を求めれば，

$$\langle Q_i(t) Q_j(t) \rangle = \lambda_i \delta_{ij} \tag{3.85}$$

とすることができる．ここで，対角行列：

$$\Lambda = (\lambda_{ij}) = (\lambda_i \delta_{ij}) = (\langle Q_i^2 \rangle \delta_{ij}) \tag{3.86}$$

は基準モード（成分）Q_i の分散を表し，その実効振動数は

$$\Omega_i = \sqrt{\frac{k_B T}{\lambda_i}} \tag{3.87}$$

により与えられる．(3.82)式の $r_i(t)$ を MD シミュレーションのトラジェクトリーから取り出し，分散共分散行列の対角化後，固有値 λ の大きいモード（主成分）をいくつか選ぶことで，ゆっくりした動きの（低周波）大規模振動モードを抽出することができる．これら主成分モードには生体分子運動のある程度の非調和性も含まれ，また，多数の自由度から有効な自由度のみを効果的に取り出すという情報圧縮（すなわち，粗視化）も行っている．

3.4.2 時間構造に基づいた独立成分分析

上で述べた主成分解析の手法では，基準振動解析と似た擬調和近似の方法が用いられ，それにより，安定点の周りで大きくゆらぐ運動と低周波数モードが(3.87)式の関係で結ばれる．しかしながら，実際のタンパク質の運動では，遅い運動と大振幅運動は必ずしも合致しない．また，フォールディングや緩和運動を考えるとき，タンパク質の分子運動には時間的な相関が現れる．これらの点を考慮して，タンパク質の機能に関わる遅い運動モードを効率的に抽出する手法として，**時間構造に基づいた独立成分分析**(time-structure-based Independent Component Analysis ; tICA)の方法[55,56]が提案された．

今，上の(3.82)式の場合と同様に，タンパク質の運動を記述する n 次元の時系列データ

$$\boldsymbol{r}(t) = {}^t(r_1(t), r_2(t), ..., r_n(t)) \tag{3.88}$$

が与えられたとしよう（^{t} は転置を表す）．これを「適切な」基底ベクトル $\boldsymbol{g}_i$ $(i=1,2,...,n)$ により

$$\boldsymbol{r}(t) = \sum_{i=1}^{n} a_i(t) \boldsymbol{g}_i \tag{3.89}$$

と展開するものとする．ここで，n 次元正方行列

$$G = (\boldsymbol{g}_1, \boldsymbol{g}_2, ..., \boldsymbol{g}_n) \tag{3.90}$$

を導入すれば，
$$\boldsymbol{r}(t) = \boldsymbol{G}\boldsymbol{a}(t) \tag{3.91}$$
と書かれる．ただし，
$$\boldsymbol{a}(t) = {}^t(a_1(t), a_2(t), ..., a_n(t)) \tag{3.92}$$
である．

tICA の方法では，適当な時間スケール t_0 を導入し，$\boldsymbol{a}(t)$ から作られる分散共分散行列の非対角成分（相互共分散）が同時刻ならびに時間遅れ t_0 に対してゼロとなる（$s=0, t_0$ に対し，$a_i(t)$ と $a_j(t+s)$ が $i \neq j$ のとき独立となる）ことを要請する．すなわち，$\boldsymbol{r}(t)$ に関する分散共分散行列
$$\boldsymbol{C}(s) = \langle (\boldsymbol{r}(t) - \langle \boldsymbol{r}(t) \rangle) {}^t(\boldsymbol{r}(t+s) - \langle \boldsymbol{r}(t) \rangle) \rangle \tag{3.93}$$
（〈 〉は統計平均あるいは時間平均）に対して，$\boldsymbol{a}(t)$ に関する分散共分散行列
$$\boldsymbol{C}^a(s) = \langle (\boldsymbol{a}(t) - \langle \boldsymbol{a}(t) \rangle) {}^t(\boldsymbol{a}(t+s) - \langle \boldsymbol{a}(t) \rangle) \rangle \tag{3.94}$$
を対角化することを考え，(3.91)式により，同時対角化問題：
$$\boldsymbol{C}(0) = \boldsymbol{G}\boldsymbol{C}^a(0){}^t\boldsymbol{G} \tag{3.95}$$
$$\boldsymbol{C}(t_0) = \boldsymbol{G}\boldsymbol{C}^a(t_0){}^t\boldsymbol{G} \tag{3.96}$$
を解く．このとき，与えられた $\boldsymbol{C}$ から $\boldsymbol{G}$ と $\boldsymbol{C}^a$ を求めるこの問題は，数学的には，一般化固有値問題：
$$\boldsymbol{C}(t_0)\boldsymbol{F} = \boldsymbol{C}(0)\boldsymbol{F}\boldsymbol{K} \tag{3.97}$$
を解くことに帰着される．ここで，$\boldsymbol{K} = \mathrm{diag}(k_1, k_2, ..., k_n)$ は（対角）固有値行列，$\boldsymbol{F} = (\boldsymbol{f}_1, \boldsymbol{f}_2, ..., \boldsymbol{f}_n)$ は固有ベクトル行列であり，これらと $\boldsymbol{C}^a$, $\boldsymbol{G}$ は
$$\boldsymbol{K} = \boldsymbol{C}^a(t_0)\boldsymbol{C}^a(0)^{-1} \tag{3.98}$$
$$\boldsymbol{G} = \boldsymbol{C}(0)\boldsymbol{F} \tag{3.99}$$
によって関係づけられる．なお，$\boldsymbol{C}(t_0)$ は一般に非対称行列であるため，一般化固有値問題(3.97)の固有値や固有ベクトルの要素は複素数となる．これらを実数にするには，$\boldsymbol{C}(t_0)$ を対称化した
$$\boldsymbol{C}(t_0)_{\mathrm{sym}} = (\boldsymbol{C}(t_0) + {}^t\boldsymbol{C}(t_0))/2 \tag{3.100}$$
を用いる．

一般化固有値問題(3.97)を解いて得られる固有ベクトル $\boldsymbol{f}_i$ は一般には直交基底系をなさないが，適当な（$\boldsymbol{C}^a(0)$ を単位行列とするような）規格化をすることで
$${}^t\boldsymbol{f}_i\boldsymbol{C}(0)\boldsymbol{f}_j = \delta_{ij} \tag{3.101}$$

を満たすようにすることができる．このとき，(3.99)，(3.90)式から
$$\,^t\!f_i g_j = \delta_{ij} \tag{3.102}$$
となり，G の要素であるベクトル g_j を f_i と正規直交関係を満たす双対ベクトルと見なすことができる．そして，$\sum_i g_i\,^t\!f_i$ が $n \times n$ の単位行列 I となることから
$$r(t) = \sum_i g_i\,^t\!f_i r(t) \tag{3.103}$$
が得られ，これと(3.89)式を比較することにより，$a_i(t) = {}^t\!f_i r(t)$ となる．すなわち，n 次元時系列データ $r(t)$ を基底ベクトル $g_i (i=1,2,...,n)$ により分解するとき，その展開係数は
$$a(t) = {}^t(a_1(t), a_2(t), ..., a_n(t)) = {}^t\!F r(t) \tag{3.104}$$
で与えられる．

このとき，(3.93)，(3.94)，(3.101)，(3.104)式より，
$$C^a(0) = {}^t\!F C(0) F = I \tag{3.105}$$
が得られ，さらに(3.97)式を用いることで，
$$C^a(t_0) = {}^t\!F C(t_0) F = {}^t\!F C(0) F K = K \tag{3.106}$$
が得られる．この関係式は，K の対角成分である固有値 k_i が $a_i(t)$ の時間差 t_0 の自己相関関数を表すことを示しており，そこで，
$$k_i = e^{-t_0/\tau_i} \tag{3.107}$$
と表現して得られる
$$\tau_i = -\frac{t_0}{\ln k_i} \tag{3.108}$$
がモード i の緩和時間を表し，固有値 k_i の値が大きいほど τ_i は大きく，自己相関関数の(t_0 における)緩和が遅いことに対応する．この手法は実際にタンパク質の主鎖が示す遅い運動の記述に用いられ，PCA 法では得られない動的特徴の抽出に成功した[56]．なお，tICA と同様な手法に緩和モード解析の方法[57]があるが，いずれの手法においても，見たい系のダイナミクスの時間スケールを特徴づける時定数 t_0 の選び方には任意性がある．

3.5 専用計算機によるタンパク質フォールディングのシミュレーション

タンパク質はそのアミノ酸配列に応じて生理環境下で特定の3次元立体構造をとることが知られている(アンフィンゼンの原理). アミノ酸配列が与えられたとき, そのタンパク質の立体構造を予測することは古くからの難問であり, **タンパク質フォールディング**(protein folding)の問題と言われている. アミノ酸がつながったポリペプチド構造の変形の自由度の空間は膨大であり, 構成原子間の力場(ポテンシャルエネルギー)が与えられた最適化問題として考えても, 自由エネルギー的に最安定な構造の探索はいわゆる組み合わせ爆発の問題に直面する(レヴィンタールのパラドックス). 最近, ショー(Shaw)らのグループ[58-60]は, Antonと呼ばれる専用計算機を製作して従来不可能であった長時間のタンパク質MD計算を実行することで, タンパク質フォールディングの問題に正面から挑む試みを行っており, 以下でその成果のいくつかを簡単に紹介する.

一例としてショーらは, 速くフォールドすることが実験的に知られている10から80残基の小型のタンパク質12種類を選び, それぞれに1ミリ秒に及ぶ全原子MDシミュレーションを実行した[59]. 原子間力場としてはCHARMMを修正したものを用い, 水溶媒分子を露わに考慮して, フォールド状態とアンフォールド状態が熱力学的に均衡する融解温度近傍で観察したところ, 概ね実験的に知られているnative state(天然状態)に近い構造に数十マイクロ秒程度でフォールドすることが見出された(**図3.5**). 選ばれた12種類のタンパク質は全体としてαヘリックス, βストランド(シート), α/βミックスの三つの主要な構造クラスを含んでおり, フォールディングの動的過程を詳しく観察すると, アンフォールド状態からバックボーン主鎖が徐々に天然構造に類似したトポロジーを形成していき, それに伴ってα, βの部分的な2次構造と少数のアミノ酸の非局所的なコンタクトが形成されていく様子が見られた. 複数回の検証シミュレーションを通じて, 多くの場合, フォールディングはある特定の主要なルートで進行することも解明された.

彼らのシミュレーションでは, 従来その精度に若干の疑問を持たれていた原

3.5 専用計算機によるタンパク質フォールディングのシミュレーション

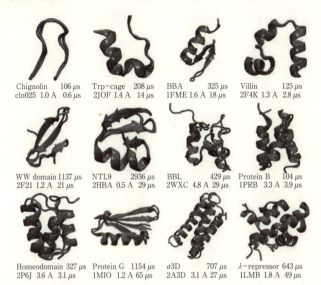

図 3.5 MD 専用計算機 Anton による 12 種類のタンパク質に対して得られたフォールディング構造(青)と実験構造(赤)の比較(主鎖構造がリボン表示されている)(図中の色は文献[59]原図参照).それぞれの図に対し,タンパク質の名称,全シミュレーション時間,実験構造の PDB(Protein Data Bank)コード,両構造の C_α 原子(図 2.2 参照)間の RMSD(Root Mean Square Deviation;平均 2 乗偏差),フォールディング時間が示されている(文献[59]より).

子間力場を用いても,実験的に得られている天然構造に類似したフォールド構造を概ね再現できたことは驚きであった.その一つの要因としてはおそらく,タンパク質固有のフォールディング構造が立体障壁の制約を強く受け,そのことは力場の関数形やパラメーターの詳細にはあまりよらないことが考えられる.実際,力場として CHARMM22*,AMBER99SB*-ILDN など異なったものを使っても結果に本質的な差異はないことが報告されている[60].また,フォールディングに要する時間も概ね実験値を再現する形となっているが,これについてはタンパク質に用いた力場と水分子に用いた(TIP3P などの)力場(付録 E 参照)のそれぞれの誤差の相殺の可能性も指摘されている.さらに,詳しい解析によると[60],アンフォールド状態に対しては実験結果よりもかなり慣性半径の小さいコンパクトな構造をとる傾向があること,フォールディング-アン

フォールディング状態間のエンタルピー差を過小評価する傾向があることなどの問題点も指摘されている．

第3章 参考文献

[1] B. Alberts 他著, 中村桂子, 松原謙一監訳,「Essential 細胞生物学(原書第4版)」, 南江堂(2016).
[2] 上田顕,「分子シミュレーション-古典系から量子系手法まで」, 裳華房(2003).
[3] 神谷成敏, 肥後順一, 福西快文, 中村春木,「タンパク質計算科学-基礎と創薬への応用」, 共立出版(2009).
[4] C. H. Bennett, J. Comput. Phys. **22**(1976)245.
[5] G. E. Crooks, Phys. Rev. E **61**(2000)2361.
[6] M. R. Shirts, E. Bair, G. Hooker, V. S. Pande, Phys. Rev. Lett. **91**(2003)140601.
[7] H. Fujitani, Y. Tanida, M. Ito, G. Jayachandran, C. D. Snow, M. R. Shirts, E. J. Sorin, V. S. Pande, J. Chem. Phys. **123**(2005)084108.
[8] G. M. Torrie, J. P. Valleau, J. Comput. Phys. **23**(1977)187.
[9] M. Souaille, B. Roux, Comput. Phys. Commun. **135**(2001)40.
[10] N. Nakajima, H. Nakamura, A. Kidera, J. Phys. Chem. B **101**(1997)817.
[11] Y. Sugita, Y. Okamoto, Chem. Phys. Lett. **314**(1999)141.
[12] L. Maragliano, A. Fischer, E. Vanden-Eijnden, G. Ciccotti, J. Chem. Phys. **125**(2006)024106.
[13] A. C. Pan, D. Sezer, B. Roux, J. Phys. Chem. B **112**(2008)3432.
[14] A. R. リーチ著, 江崎俊之訳,「分子モデリング概説-量子力学からタンパク質構造予測まで」, 地人書館(2004).
[15] F. Jensen, "Introduction to Computational Chemistry", 3rd ed., Wiley, Chichester, UK(2017).
[16] H. Fujitani, A. Matsuura, S. Sakai, H. Sato, Y. Tanida, J. Chem. Theory Comput. **5**(2009)1155.
[17] T. Yoda, Y. Sugita, Y. Okamoto, Chem. Phys. **307**(2004)269.
[18] Y. Sakae, Y. Okamoto, J. Phys. Soc. Jpn. **75**(2006)054802.
[19] U. C. Singh, P. A. Kollman, J. Comput. Chem. **5**(1984)129.
[20] W. D. Cornell, P. Cieplak, C. I. Bayly, P. A. Kollmann, J. Am. Chem. Soc. **115**(1993)9620.
[21] Y. Okiyama, H. Watanabe, K. Fukuzawa, T. Nakano, Y. Mochizuki, T. Ishikawa,

S. Tanaka, K. Ebina, Chem. Phys. Lett. **449**(2007)329.
[22]　Y. Okiyama, H. Watanabe, K. Fukuzawa, T. Nakano, Y. Mochizuki, T. Ishikawa, K. Ebina, S. Tanaka, Chem. Phys. Lett. **467**(2009)417.
[23]　L. Chang, T. Ishikawa, K. Kuwata, S. Takada, J. Comput. Chem. **34**(2013)1251.
[24]　西尾元宏,「有機化学のための分子間力入門」, 講談社(2008).
[25]　T. Fujita, H. Watanabe, S. Tanaka, J. Phys. Soc. Jpn. **78**(2009)104723.
[26]　T. Fujita, S. Tanaka, T. Fujiwara, M. Kusa, Y. Mochizuki, M. Shiga, Comput. Theor. Chem. **997**(2012)7.
[27]　W. C. Still, A. Tempczyrk, R. C. Hawley, T. Hendrickson, J. Amer. Chem. Soc. **112**(1990)6127.
[28]　D. Qiu, P. S. Shenkin, F. P. Hollinger, W. C. Still, J. Phys. Chem. **101**(1997)3005.
[29]　H. Watanabe, Y. Okiyama, T. Nakano, S. Tanaka, Chem. Phys. Lett. **500**(2010)116.
[30]　Y. Okiyama, T. Nakano, C. Watanabe, K. Fukuzawa, Y. Mochizuki, S. Tanaka, J. Phys. Chem. B **122**(2018)4457.
[31]　W. Hasel, T. F. Hendrickson, W. C. Still, Tetrahed. Comput. Method. **1**(1988)103.
[32]　D. Eisenberg, A. D. McLachlan, Nature **319**(1986)199.
[33]　T. A. Darden, D. York, L. Pedersen, J. Chem. Phys. **98**(1993)10089.
[34]　T. E. Cheatham Ⅲ, J. L. Miller, T. Fox, T. A. Darden, P. A. Kollman, J. Amer. Chem. Soc. **117**(1995)4193.
[35]　K. Kido, H. Sato, S. Sakaki, J. Phys. Chem. B **113**(2009)10509.
[36]　T. Matsui, A. Oshiyama, Y. Shigeta, Chem. Phys. Lett. **502**(2011)248.
[37]　C. Tanford, R. Roxby, Biochemistry **11**(1972)2192.
[38]　D. Bashford, M. Karplus, Biochemistry **29**(1990)10219.
[39]　Y. Oda, T. Yamazaki, K. Nagayama, S. Kanaya, Y. Kuroda, H. Nakamura, Biochemistry **33**(1994)5275.
[40]　H. Li, A. D. Robertson, J. H. Jensen, Proteins **61**(2005)704.
[41]　P. Labute Proteins **75**(2009)187.
[42]　S. K. Burger, P. W. Ayers, Proteins **79**(2011)2044.
[43]　J. Shan, E. L. Mehler, Proteins **79**(2011)3346.
[44]　E. Alexov et al., Proteins **79**(2011)3260.
[45]　H. J. C. Berendsen, J. P. M. Postma, W. F. van Gunsteren, A. DiNola, J. R. Haak, J. Chem. Phys. **81**(1984)3684.

[46]　M. Lingenheil, R. Denschlag, R. Reichold, P. Tavan, J. Chem. Theory Comput. **4**(2008)1293.
[47]　S. Nosé, Mol. Phys. **53**(1984)255.
[48]　W. G. Hoover, Phys. Rev. A **31**(1985)1695.
[49]　M. P. Allen, D. J. Tildesley, "Computer Simulation of Liquids", Oxford University Press, New York(1991).
[50]　H. C. Anderson, J. Chem. Phys. **72**(1980)2384.
[51]　"Normal Mode Analysis : Theory and Applications to Biological and Chemical Systems", edited by Q. Cui, I. Bahar, Chapman & Hall/CRC, Boca Raton(2006).
[52]　A. Amadei, A. B. M. Linssen, H. J. C. Berendsen, Proteins **17**(1993)412.
[53]　S. Hayward, N. Go, Annu. Rev. Phys. Chem. **46**(1995)223.
[54]　A. Kitao, N. Go, Curr. Opin. Struct. Biol. **9**(1999)164.
[55]　Y. Naritomi, S. Fuchigami, J. Chem. Phys. **134**(2011)065101.
[56]　Y. Naritomi, S. Fuchigami, J. Chem. Phys. **139**(2013)215102.
[57]　A. Mitsutake, H. Iijima, H. Takano, J. Chem. Phys. **135**(2011)164102.
[58]　D. E. Shaw, P. Maragakis, K. Lindorff-Larsen, S. Piana, R. O. Dror, M. P. Eastwood, J. A. Bank, J. M. Jumper, J. K. Salmon, Y. Shan, W. Wriggers, Science **330**(2010)341.
[59]　K. Lindorff-Larsen, S. Piana, R. O. Dror, D. E. Shaw, Science **334**(2011)517.
[60]　S. Piana, J. L. Klepeis, D. E. Shaw, Curr. Opin. Struct. Biol. **24**(2014)98.

第4章 粗視化シミュレーション

　本章では，第一原理からのボトムアップ的な生命系シミュレーションにおいて重要となる「粗視化(coarse graining)」の手法に関し，その考え方や実際に用いられる処方箋について例示的に解説する．粗視化の操作はある意味物理学そのものとも言え，生体分子系に対する粗視化を試みることは，生命を物理学の視点から理解しようとする立場の要諦とも言える．現段階で生体分子系の粗視化シミュレーションの処方箋に関して必ずしも統一された見解があるとは言えず，統計物理学・多体問題の方法論に従って自由度を系統的に削減する手法から，かなり直観的なモデリングに頼るアプローチまで，多種多様な試みが混在する．

4.1 粗視化の基本的考え方

　第1章でも述べたように，計算分子生物学においては粗視化シミュレーションの方法がしばしば用いられる．生命系において，なぜ計算機シミュレーションやそれが基づく理論モデリングの**粗視化**が必要であるかについては大きく分けて二つの観点がある．まず第一に，原子・電子レベルからタンパク質・核酸分子レベル，さらにはそれらの集合体，細胞レベルとスケールアップするにつれ，シミュレーションで用いられる計算手法が最小スケールの量子力学に基づく第一原理的なもののみでは現行の計算機資源では適切な記述に困難を生じ，何らかの生命現象の説明や記述・理解には必然的に計算負荷(コスト)の小さい粗視化手法を必要とするという実用的な側面があり，これについては1.4節で論じた．一方，もう少し積極的な立場としては，「粗視化」を行うことで，その対象の本質あるいは「物理」が明確になっていくという側面があり，これについては以下で具体例を通して触れていく．

　歴史的には，生体分子系(さらには生命系)に対する粗視化モデリング・シミュレーションは，多くの研究者にとって，その階層性が系統的に意識されることなく，各階層で「必要に応じて」物理的直観に基づいて行われてきた経緯

がある．無論，その系統性や階層接続を明瞭に意識する立場もあり，その功績は 2013 年のカープラス(Karplus)，ワーシェル(Warshel)，レヴィット(Levitt)のノーベル化学賞受賞につながったが，多くの場合，生体分子の量子力学的取り扱い，タンパク質や核酸の全原子古典分子動力学(MD)シミュレーション，生体分子複合体の粗視化シミュレーション，細胞内の反応ネットワーク解析等はそれぞれ別々の学界コミュニティーで議論される傾向が強かった．それぞれの研究分野の技術は洗練され，知見は深まったが，単なる(個々の)「実験の説明」にとどまらず，より一般的な「生命機能の発現」という視点で階層間の系統的な接続を図っていくことは将来に向けての大きな課題として残っている(第 7 章参照)．本章で紹介する量子力学(Quantum Mechanics；QM)/古典分子力学(Molecular Mechanics；MM)ハイブリッド法のコンセプトは思想的・技術的に階層化マルチスケールシミュレーションのプロトタイプの一つを与え，これをさらに大きな空間・時間スケールに定量的な精度を保持したまま拡張していく具体的な処方箋の開発が望まれている．

　上で述べたノーベル賞の例で見られるように，これまで生命分子系モデリングのアプローチの多くは，従来の区分で言って主に「化学系」の研究者によって行われてきた．研究分野として化学と物理を分けることの是非はさておき，「物理」の立場から「粗視化」を眺めると，キーワードとして思い浮かぶのは，「自由度の削減」や「くりこみ」である．多体系の自由度の削減を系統的に行う手法として射影演算子の方法やくりこみの処方箋[1]が従来知られているが，これらの理論物理的手法が今まで生命系にあまり適用されてこなかったことの背景には，生命系における空間的非一様性・不均一性の取り扱いの困難があると思われる．生命系は，おそらくその機能発現の重要な本質として，タンパク質や核酸などの生体分子，それらの複合体，光合成や呼吸などを行う葉緑体やミトコンドリアなどの細胞内装置・オルガネラ，遺伝を司る細胞核，そして区画化された細胞，といった階層性があり，固体物理学や凝集系物理学で展開されてきた粗視化手法がなかなかそのまま使えない問題がある．タンパク質や核酸分子系自体においても，その構成単位(アミノ酸や塩基)の繰り返し構造ではあるが非一様性があり，それがそのまま機能と結び付いている．これに関しては，例えば，記述を行う「(表現)空間」の概念について生命系特有の再考が必要と思われ，将来のブレークスルーが待たれる．一例として，タンパク質に対

する全原子分子動力学シミュレーションを出発点として，射影演算子の手法を用いて「重要な」いくつかのモード（自由度あるいは反応座標）が従うランジュバン型の確率的運動方程式をどのように系統的に導くかについてはすでにいくつかの試みが提案されている[2,3]．それらの解析によると，高分子機能にとって重要な粗視化変数あるいは遅いモード変数を R，それに付随する質量を M として，

$$M\ddot{R} = -\frac{\partial U(R)}{\partial R} - \int_0^t Z(t-\tau)\dot{R}(\tau)d\tau + Y(t) \tag{4.1}$$

の形の運動方程式が一般に導かれる．ここで，$U(R)$ は平均力ポテンシャル，$Z(t)$ は摩擦による散逸を表す記憶関数（一般にテンソル），$Y(t)$ は微視的変数からの揺動力（ランダム・フォース）である．この式に現れる $U(R)$，$Z(t)$，$Y(t)$ などの関数に適切な形を用いることで，生体分子系のダイナミクスの現象論的な記述が可能である．

4.2 空間領域における粗視化

4.2.1 QM/MM 法

粗視化モデリングを考えるにあたって，まずは直観的に理解しやすい空間的な粗視化について最初に述べる．生体分子系は最もミクロ（微視的）に見れば原子核と電子の集まりであるが，電子の自由度を消去して原子間の実効的な力場に従う（古典力学的な）全原子モデルとして記述することもでき（3.2節参照），さらに，それを原子集団をユニットとするモデルや連続体モデルに近似・粗視化していくこともできる（図 4.1）．以下，生体分子シミュレーションにおける粗視化の重要性・必要性を考えるうえで，一例として酵素反応を考えてみよう．酵素タンパク質は基質分子と結合し，化学反応を触媒して別の分子へと変換する．理論計算では例えば，この反応の速度定数や，それを支配する活性化自由エネルギーなどの定量的な記述を目標とする．第 2 章で紹介したフラグメント分子軌道法はこのシミュレーション計算を非経験的に実行する一つの強力な手段を提供し，原理的には基質分子，酵素タンパク質，さらには周囲の水溶媒などをすべて量子力学的に扱って化学反応過程を熱力学的に，あるいは動的に記述することが可能である．しかしながら，実際には，反応物から生成物に

図 4.1 空間的粗視化モデリングの直観的イメージ．量子力学的な原子核と電子の集まり(左図)から古典力学的な実効力場で相互作用する原子の集団(中図)，そして原子団同士の相互作用系(右図)と描像が次第にくりこまれていく．それぞれの粗視化操作により，一般に計算コストは3桁以上削減される．

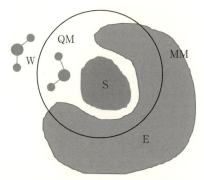

図 4.2 酵素(E)-基質(S)-溶媒(W)系に対する QM/MM モデル．丸で囲まれた領域が QM(量子力学的)領域，それ以外が MM(古典分子力学的)領域．W は酵素(E)と基質(S)を取り巻く溶媒領域(QM 領域にも MM 領域にも入る)を示す．

至るすべての過程をシミュレーションするには計算コストが大きくなりすぎ，現状のコンピュータ資源では実行は現実的ではない．そこで，ある意味一つの対症療法として導入されるのが，マルチスケールの粗視化シミュレーション手法である．

ここではその典型例として，量子力学(Quantum Mechanics; QM)と古典力学に基づく分子力学(Molecular Mechanics; MM)を融合した **QM/MM 法**を紹介する[4]．酵素による基質の化学反応を考えるとき，電子状態変化を伴う基質分子は少なくとも量子力学的に取り扱う必要がある．また，その周辺の(反応に関与する)酵素のアミノ酸や溶媒分子等も同様な量子力学的記述が必要であろう．そこで，図 4.2 に示すように，酵素-基質-溶媒系を空間的に切り分け，計算コスト的に許される領域を「QM 領域」として量子力学的に記述す

る．そしてその周辺は「粗視化」して電子の自由度は消去した古典力学的な「MM 領域」として分子力場を用いて記述する．その際，系全体のハミルトニアンは，

$$H_{\text{total}} = H_{\text{QM}} + H_{\text{MM}} + H_{\text{QM/MM}} \qquad (4.2)$$

と与えられることになる．ここで，H_{QM}，H_{MM} はそれぞれ QM 領域，MM 領域のハミルトニアンを表し，$H_{\text{QM/MM}}$ は QM-MM 領域間の相互作用ハミルトニアンである．QM-MM 領域間の相互作用としては通常，静電相互作用やファン・デル・ワールス相互作用が考慮される．このようにして構成されたハミルトニアン(4.2)式を基に酵素反応の熱力学やダイナミクスが記述されるが，系全体のコンフォメーション変化を追うために，しばしば分子動力学(MD)シミュレーションが実行され，そのトラジェクトリー上の各点で電子状態計算が行われる．また，QM 領域，MM 領域の設定は必ずしもそれぞれ一層とする必要はなく，QM 領域を計算精度を変えて多層化したり，MM 領域を全原子力場の部分と連続誘電体部分(3.3.1 節参照)に分けたりすることも可能である．ただし，いずれの場合も，分割された領域間の相互作用の取り扱いに不定性や困難が生じることが多く，境界での不連続性がシミュレーションを不安定にすることもある．

この QM/MM 法に基づき，多種多様な酵素反応の理論的解析が行われている[4]．反応の始状態と終状態が定まっているとき，その間のエネルギー的に最安定な反応経路(Minimum Energy Path；MEP)を Nudged Elastic Band (NEB)[5-7] などの方法で効率的に探索する手法も開発されている(付録 D 参照)．また，酵素反応は化学結合の開裂・生成を伴うため QM 領域の導入が避けられず，そのことが自由エネルギー評価のための統計的サンプリングのボトルネックとなっている．この点は将来に向けて解決すべき重要な挑戦的課題の一つである[4]．

4.2.2 粗視化力場

ところで，一般に「粗視化」をどのように行うかは，研究の目的やシミュレーションのコストを勘案して場合により様々である．上記の酵素反応のように「活性サイト」が明確な場合には QM/MM 法のような空間階層的アプローチが有効であるが，例えばタンパク質やその複合体の構造変化や熱力学的安定

性を研究する場合などでは，そういった空間的な切り分けができないこともある．その場合，全体を一様に粗視化して計算コストを落とす戦略をとることになる．典型的な例として，タンパク質畳み込み（フォールディング）やタンパク質-核酸（DNA，RNA）複合体の安定構造探索などの問題を考える際にしばしば用いられるのが**粗視化力場**のアプローチで，全原子モデルによる MD の実行が困難なときなどに，例えば原子団やアミノ酸残基全体を一つのユニットと見なして，その間の実効的な力場ポテンシャルを構成してモデル化する．このようにして系の空間的な自由度を大幅に削減し，そのモデルに基づいて MD 計算を行う際には，時間ステップの刻み幅を大きくしたり長時間のシミュレーションを行ったりすることができる．そのための粗視化力場はすでに様々なものが開発されていて，例えば，MARTINI 力場[8]などが有名である．また，タンパク質やその複合体の安定構造がすでに知られていて Protein Data Bank などに登録されている場合，そのような構造になりやすいようにバイアスポテンシャルをかける手法もよく用いられ，一般に Go（郷）モデル[9]と呼ばれている（4.2.3 節参照）．

粗視化力場はしばしば「多体平均力ポテンシャル（Potential of Mean Force；PMF）」などとも呼ばれ，よりミクロなモデルから PMF を導く戦略として数多くのアプローチが提案されている[10]．一般に，ミクロな座標 $\{r\}$ が粗視化されたマクロな座標 $\{R\}$ と関係式 $M(r) = N(R)$ で結ばれるとき，ミクロな座標が持つポテンシャルエネルギー $u(r)$ から得られる

$$z(R) = \int dr \exp[-u(r)/k_B T] \delta(M(r) - N(R)) \tag{4.3}$$

を用いて PMF は

$$U(R) = -k_B T \ln z(R) \tag{4.4}$$

と表される．その際，ミクロなモデルとマクロなモデルの間のどのような物理量（例えば，力，（自由）エネルギー，（安定）構造，分布関数，その他の物性値など）に注目したマッチングを行うかによって様々な近似手法が現れる．例えば，force-matching の方法[11]では，指定した力のセットのミクロモデルからのずれが最小となるようにマクロモデルの力場パラメーターが決定される．

4.2.3 Goモデルによる粗視化シミュレーション：F_1-ATPアーゼ

以下，粗視化シミュレーションの実例を一つ紹介しよう．

F_1-ATPアーゼはミトコンドリア膜に存在するF_0F_1-ATP合成酵素の一部で，それ自身ATPの加水分解と共役したナノスケールの回転モーターとして機能する(図 4.3)[12]．F_1-ATPアーゼは三つの$\alpha\beta$サブユニットと一つのγサブユニットからなり，中心にあるγサブユニットはATPの加水分解に伴って120°ずつ回転することが知られているが，その詳細な分子メカニズムを実験だけで解明することには限界があった．そのため，分子シミュレーションによる解析が待たれたが，複数のサブユニットからなる巨大なタンパク質複合体のミリ秒を超える全原子MDシミュレーションを実行することは最新のスーパーコンピュータを用いても困難である．

古賀と高田[13]はこの問題にGoモデルに基づく粗視化シミュレーションの方法で挑んだ．Goモデルは例えばタンパク質の場合，一つのアミノ酸残基を

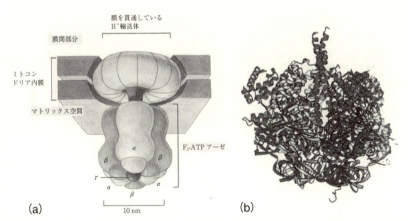

図 4.3 （a）F_0F_1-ATP合成酵素は，F_1-ATPアーゼと呼ばれる頭部と，膜を貫通してH^+を輸送するF_0と呼ばれる部分で構成されている．ギリシア文字のα, β, γはF_1-ATPアーゼのサブユニットを表す．（b）X線結晶構造解析によるF_1-ATPアーゼの3次元構造．この部分はATP合成酵素の一部だが，膜貫通部分と切り離されるとATP合成反応の逆反応，すなわち，ATPをADPとP_iに加水分解するので，ATPアーゼという名称がつけられている(文献[12]より)．

構成単位として，その間に次のような実効ポテンシャル[14]が働くとする：

$$V(R|X) = \sum_{\text{bonds}} K_r(r_i - r_{X,i})^2 + \sum_{\text{angles}} K_\theta(\theta_i - \theta_{X,i})^2$$
$$+ \sum_{\text{dihedrals}} \sum_n \{K_\phi^{(n)}[1 - \cos n(\phi_i - \phi_{X,i})]\}$$
$$+ \sum_{i<j-3}^{\text{native}} \varepsilon\left[5\left(\frac{r_{X,ij}}{r_{ij}}\right)^{12} - 6\left(\frac{r_{X,ij}}{r_{ij}}\right)^{10}\right] + \sum_{i<j-3}^{\text{nonnative}} \varepsilon\left(\frac{D}{r_{ij}}\right)^{12}. \quad (4.5)$$

ここで，X は X 線結晶構造解析等で決められた何らかの参照構造を表し，アミノ酸間の距離 r_i，角度 θ_i，二面角 ϕ_i はその参照構造の平衡値 $r_{X,i}$，$\theta_{X,i}$，$\phi_{X,i}$ の周りにバネ定数 K_r，K_θ，$K_\phi^{(n)}$ で拘束されるとする．さらに，4 サイト以上離れたアミノ酸残基 i，j 間に，その距離 r_{ij} に応じて，天然状態(native state)で存在するコンタクトの場合には引力，そうでない(nonnative)場合には斥力が働く(ε，$r_{X,ij}$，D はパラメター)ものとする．すなわち Go モデルでは，自由エネルギー的に安定な天然構造に向かってバイアスのかかった粗視化ポテンシャルを採用する．

図 4.4 に古賀と高田[13]が行った MD シミュレーションのスキームを示す．F_1-ATP アーゼの三つの $\alpha\beta$ サブユニットはそこに結合するヌクレオチドの状態に応じて異なった構造をとる．それらをヌクレオチドの結合していない状態，ATP が結合した状態，(ATP が加水分解された)ADP が結合した状態に分けて，それぞれ E 状態，TP 状態，DP 状態と呼ぶことにする．タンパク質の構造を表す座標 R の関数として与えられるポテンシャルエネルギーはそれらの状態毎に異なり，そのことは上記 Go ポテンシャル(4.5)の違いとして反映される．ここで，仮に E 状態にある $\alpha\beta$ サブユニットに ATP が結合して TP 状態になったとすると，ポテンシャル関数を $X = E$ のものから $X = TP$ のものに切り替える必要がある．この操作を含めたシミュレーションのモデルを「スイッチング Go モデル」と呼び，図 4.4(b)に示されるように，E 状態の安定構造付近にあった β サブユニットはポテンシャルが $V(R|E)$ から $V(R|TP)$ に切り替わったことにより，TP 状態の安定構造に向かって変形することになる．

このような粗視化シミュレーションの手法を用いて ATP 加水分解に伴う F_1-ATP アーゼの回転運動の分子メカニズムを議論することができる．実験的

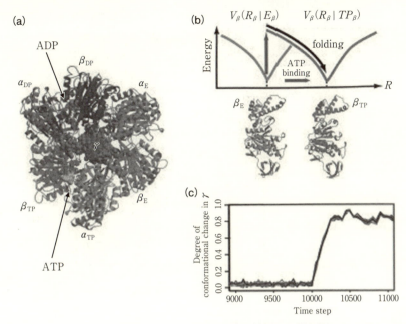

図 4.4 （a）F_1-ATP アーゼをミトコンドリア膜の外側から見た図．E, TP, DP はそれぞれヌクレオチドが結合していない状態，ATP が結合した状態，ADP が結合した状態を示す．（b）β サブユニットの構造座標 R の関数として，ポテンシャルエネルギー V を E 状態と TP 状態に対して表した図．E 状態にありポテンシャル $V(R|E)$ を感じていた β サブユニットは ATP の結合により異なるポテンシャル $V(R|TP)$ を感じ，TP 状態の安定構造へと変形を始める．（c）実際に $V(R|E)$ から $V(R|TP)$ へのスイッチングを行った場合の TP 状態への接近の程度（E 状態になく TP 状態にある天然状態アミノ酸コンタクトの形成の割合で評価する）の時間変化（文献[13]より）．

な構造観察によると，β サブユニットは E 状態ではその C 末端は open form をしている．一方，TP 状態にあるとき β サブユニットの C 末端は closed form となり，α サブユニットとの界面は緩くパッキングしている．DP 状態においても C 末端は closed form にあるが，α サブユニットとの界面のパッキングはタイトになる．そして，これらの構造変化が γ サブユニットに対するトルクを生み出し，ATP の結合により約 90° の回転が誘起されると考えられている．なお，古賀と高田のモデルでは，$\alpha\beta$ サブユニットと γ サブユニットの間には斥力のみが働く[13]．図 4.5 は，三つの $\alpha\beta$ サブユニットがそれぞれ DP，

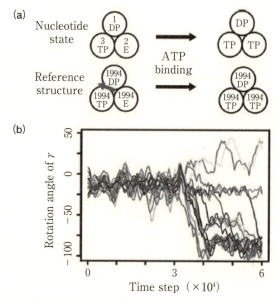

図4.5 スイッチングGoモデルによる$\alpha\beta$サブユニットがDP/E/TP状態からDP/TP/TP状態に変化する場合の構造変化シミュレーション．(a) ATP結合のモデル(tri-site model)．(b) 多数回のMDシミュレーションに対するγサブユニットの回転角の時間変化(文献[13]より)．

E, TP型であったときにEサイトにATPが結合してTP状態になった場合の構造変化に関し，各サブユニットに対する参照構造として1994年にX線結晶構造解析で求められたもの[15]を用いてシミュレーションした際の計算結果を示している．この場合，三つのサブユニットすべてにヌクレオチドが結合するので，「tri-site model」と呼ばれる．このとき，中心のγサブユニットはある回転運動を示すが，何度シミュレーションを行っても，期待される一方向の回転は観察されなかった(図4.5(b))．

一方，別のシナリオ(always-bi-site model)として図4.6(a)のようなものが考えられる．このシナリオによると，三つの$\alpha\beta$サブユニットは初めリン酸P_iが結合したDP状態，E状態，TP状態の組み合わせをしており，まずリン酸P_iが解離してDP/E/TP状態となる．次に，ADPの解離とEへのATPの結合が同時に起こり，E/TP/TP状態が形成される．そして最後に一つのATP

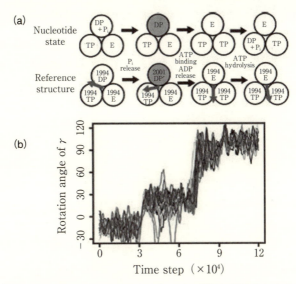

図 4.6 （a）always-bi-site model のシナリオ．リン酸 P_i が結合した DP 状態に対する Go モデルの参照構造としては 1994 年の X 線結晶構造[15]，P_i が解離した DP 状態に対する参照構造としては 2001 年の X 線結晶構造[16]を用いる．（b）MD シミュレーションで得られた γ サブユニットの回転角の時間変化（文献[13]より）．

の加水分解が起こって P_i と ADP が結合したサイトが現れる（最初と最後の状態で三つの $\alpha\beta$ サブユニットは 120° 回転したように見える）．DP+P_i 状態の参照構造として 1994 年に決められた X 線結晶構造[15]を用い，P_i が解離した DP 状態の参照構造としては β サブユニットの C 末端が half-closed form をした 2001 年に決められた X 線結晶構造[16]を用いてシミュレーションを行ったところ，P_i の解離において約 30°，ADP 解離と ATP 結合において約 80°，ATP 加水分解の過程において約 10° の γ サブユニットの一方向の回転が観察され（図 4.6(b)），実験事実と整合するシミュレーション結果が得られた．

以上のスイッチング Go モデルに基づく粗視化 MD シミュレーションにより，ATP 加水分解反応（ならびにそれに伴うヌクレオチドの解離・結合）と共役した F_1-ATP アーゼの回転運動に関して，実験だけでは得られなかった詳細な分子メカニズムに関する知見を得ることができた．比較的単純な Go モデルに基づく計算結果が様々な実験事実と整合したことで，γ サブユニットの回

転運動が主として分子間の立体反発のみで引き起こされていることも判明した．

4.3 時間領域における粗視化：共鳴的振舞いの場合

「粗視化」は一般にミクロな多数の自由度・力学変数をより少数の(マクロな)自由度に縮約する操作だが，(物理的直観の利きやすい)「空間的」に行われるだけでなく，「時間的」にも行うことができる．空間的な階層構造が複雑な生命系においては，場合によっては「時間的」な次元 t での(あるいはそのフーリエ変換である周波数 ω 空間での)粗視化のほうが数学的・系統的に行いやすいこともある．すでに何らかの自由度に対して運動方程式が与えられたとき，その力学変数が示す時間的振舞いは，散逸の程度により，大きく分けて振動的($e^{i\omega t}$ に比例)な場合と緩和的(e^{-kt} に比例)な場合(あるいはその混合)に分けられる．本書3.4節や4.4節で扱うケース(緩和モード分解により，ある意味自動的に速いモードと遅いモードを選別)や第6章で光合成系を例にとって扱うケースは散逸効果が支配的な後者に相当するが，本節では慣性項が効く前者のケースを扱う．以下で扱う例はタンパク質分子の(比較的高周波の)振動現象であり，その長時間の共鳴現象の記述に粗視化手法の一つであるくりこみの考え方・方法を用いることができる．

森次-宮下-木寺[17,18]は小型タンパク質の一つであるミオグロビン(筋肉中で酸素と結合するタンパク質)を例にとって，その分子内振動エネルギー移動に関する全原子MDシミュレーションを行った．比較的低温で特定の固有振動モードを励起したとき，その励起エネルギーが他のいくつかの固有振動モードにだけ選択的に移動する現象が見られ，これはいわゆるフェルミ共鳴[19]で説明できるのではないかとされた．彼らはその仮説を検証するために，以下で示すような少数の振動モード系を考え，その間に非線形の周波数共鳴を仮定して，この縮約モデルで全原子MDシミュレーションの結果の再現を試みた．

散逸効果は小さいとし，次式で与えられる4モードのモデル・ラグランジアンを考えよう．

$$L = \sum_{j=1}^{4} \frac{1}{2}\dot{q}_j^2 - \sum_{j=1}^{4} \frac{1}{2}\omega_j^2 q_j^2 - \alpha q_1 q_2 q_3 - \beta q_1^2 q_4. \tag{4.6}$$

ここで，q_j は固有周波数 ω_j を持つ基準振動モード座標であり，ドットは時間微分を表す．(4.6)式の右辺第3項，第4項が非線形モード結合を表し，ここでは，モード q_1 がモード q_2, q_3 と結合定数 α で，また，モード q_4 と結合定数 β で3次の弱い相互作用をしているとする．これは実際にミオグロビンに対する全原子MDシミュレーションにおいて，振動励起したモード q_1 のエネルギーが，周波数共鳴条件を満たすモード q_2 と q_3（周波数の和が等しくなる），ならびにモード q_4（周波数の倍数が等しくなる）に選択的に移動することをモデル化したものである．このラグランジアン(4.6)に対して運動方程式を立てると，

$$\ddot{q}_1 = -\omega_1^2 q_1 - \alpha q_2 q_3 - 2\beta q_1 q_4, \tag{4.7}$$

$$\ddot{q}_2 = -\omega_2^2 q_2 - \alpha q_1 q_3, \tag{4.8}$$

$$\ddot{q}_3 = -\omega_3^2 q_3 - \alpha q_1 q_2, \tag{4.9}$$

$$\ddot{q}_4 = -\omega_4^2 q_4 - \beta q_1^2 \tag{4.10}$$

が得られる．実際にこの運動方程式を数値的に積分すると，四つの固有振動モード間のエネルギー移動に関する時間的振舞いは対応する全原子MDのものと同様であることが確かめられた[17]．

次に，q_j に対するこの運動方程式を結合定数 α, β が小さいとして摂動法により1次まで解析的に解いてみる．結果は，

$$q_1(t) = A_1 e^{i\omega_1 t} - \frac{\alpha A_2 A_3}{\omega_1^2 - (\omega_2 + \omega_3)^2} e^{i(\omega_2 + \omega_3)t} - \frac{\alpha A_2^* A_3}{\omega_1^2 - (\omega_3 - \omega_2)^2} e^{i(\omega_3 - \omega_2)t}$$

$$- \frac{2\beta A_1 A_4}{\omega_1^2 - (\omega_1 + \omega_4)^2} e^{i(\omega_1 + \omega_4)t} - \frac{2\beta A_1^* A_4}{\omega_1^2 - (\omega_4 - \omega_1)^2} e^{i(\omega_4 - \omega_1)t} + \text{c.c.},$$

$$\tag{4.11}$$

$$q_2(t) = A_2 e^{i\omega_2 t} - \frac{\alpha A_1 A_3}{\omega_2^2 - (\omega_1 + \omega_3)^2} e^{i(\omega_1 + \omega_3)t} - \frac{\alpha A_1 A_3^*}{\omega_2^2 - (\omega_1 - \omega_3)^2} e^{i(\omega_1 - \omega_3)t} + \text{c.c.},$$

$$\tag{4.12}$$

$$q_3(t) = A_3 e^{i\omega_3 t} - \frac{\alpha A_1 A_2}{\omega_3^2 - (\omega_1 + \omega_2)^2} e^{i(\omega_1 + \omega_2)t} - \frac{\alpha A_1 A_2^*}{\omega_3^2 - (\omega_1 - \omega_2)^2} e^{i(\omega_1 - \omega_2)t} + \text{c.c.},$$

$$\tag{4.13}$$

$$q_4(t) = A_4 e^{i\omega_4 t} - \frac{\beta A_1^2}{\omega_4^2 - 4\omega_1^2} e^{2i\omega_1 t} - \frac{\beta A_1 A_1^*}{\omega_4^2} + \text{c.c.} \tag{4.14}$$

となり，A_j は振幅パラメター，c.c. ならびにアステリスク（*）は複素共役を表す．

ここで，実際にミオグロビンに対する全原子 MD シミュレーションで観察された振動エネルギー移動のフェルミ共鳴が起こった場合を考えてみる[17]．このとき，四つの固有周波数の間には，$\Omega_\alpha = \omega_1 - \omega_2 - \omega_3$, $\Omega_\beta = 2\omega_1 - \omega_4$ で定義された周波数に対して，$|\Omega_\alpha|, |\Omega_\beta| \ll \omega_j$ の関係がある．すなわち，ω_1 は $\omega_2 + \omega_3$ と，ω_4 は $2\omega_1$ とほぼ共鳴の関係にある．結合パラメター α, β の 1 次までで，フェルミ共鳴により大きくなる項のみ残すと，

$$q_1(t) \approx \left[A_1 - \frac{\alpha A_2 A_3}{\Omega_\alpha(\omega_1 + \omega_2 + \omega_3)} e^{-i\Omega_\alpha t} - \frac{2\beta A_1^* A_4}{\Omega_\beta \omega_4} e^{-i\Omega_\beta t} \right] e^{i\omega_1 t} + \text{c.c.}, \tag{4.15}$$

$$q_2(t) \approx \left[A_2 + \frac{\alpha A_1 A_3^*}{\Omega_\alpha(\omega_1 + \omega_2 - \omega_3)} e^{i\Omega_\alpha t} \right] e^{i\omega_2 t} + \text{c.c.}, \tag{4.16}$$

$$q_3(t) \approx \left[A_3 + \frac{\alpha A_1 A_2^*}{\Omega_\alpha(\omega_1 - \omega_2 + \omega_3)} e^{i\Omega_\alpha t} \right] e^{i\omega_3 t} + \text{c.c.}, \tag{4.17}$$

$$q_4(t) \approx \left[A_4 + \frac{\beta A_1^2}{\Omega_\beta(2\omega_1 + \omega_4)} e^{i\Omega_\beta t} \right] e^{i\omega_4 t} + \text{c.c.} \tag{4.18}$$

となる．この表式をそのまま素朴に用いると，α, β に関する 1 次の「摂動項」が $\Omega_\alpha, \Omega_\beta \to 0$ の極限で発散してしまう．

このような状況を，**くりこみ群**の処方箋[20, 21]を（近似的に）用いて救済することができる[22]．くりこみ定数を導入して，(4.15)-(4.18)式の振幅パラメター A_j を結合定数 α, β の 1 次まで以下のように展開する：

$$A_1 = \widetilde{A}_1(\tau)[1 + \alpha Z_{1\alpha}(\tau) + \beta Z_{1\beta}(\tau)], \tag{4.19}$$

$$A_2 = \widetilde{A}_2(\tau)[1 + \alpha Z_{2\alpha}(\tau)], \tag{4.20}$$

$$A_3 = \widetilde{A}_3(\tau)[1 + \alpha Z_{3\alpha}(\tau)], \tag{4.21}$$

$$A_4 = \widetilde{A}_4(\tau)[1 + \beta Z_{4\beta}(\tau)]. \tag{4.22}$$

ここで，我々はある時間変数 τ を導入し，$Z_{j\alpha}, Z_{j\beta}$ はくりこみ定数である．このようにして(4.15)-(4.18)式の「発散項」を結合定数の 1 次までで除去することにすると，くりこまれた振幅とくりこみ定数は以下の関係式を満足するこ

4.3 時間領域における粗視化：共鳴的振舞いの場合

とが要求される：

$$\widetilde{A}_1(\tau) Z_{1\alpha}(\tau) = \frac{\widetilde{A}_2(\tau)\widetilde{A}_3(\tau)e^{-i\Omega_\alpha\tau}}{\Omega_\alpha(\omega_1+\omega_2+\omega_3)}, \tag{4.23}$$

$$\widetilde{A}_1(\tau) Z_{1\beta}(\tau) = \frac{2\widetilde{A}_1^*(\tau)\widetilde{A}_4(\tau)e^{-i\Omega_\beta\tau}}{\Omega_\beta\omega_4}, \tag{4.24}$$

$$\widetilde{A}_2(\tau) Z_{2\alpha}(\tau) = -\frac{\widetilde{A}_1(\tau)\widetilde{A}_3^*(\tau)e^{i\Omega_\alpha\tau}}{\Omega_\alpha(\omega_1+\omega_2-\omega_3)}, \tag{4.25}$$

$$\widetilde{A}_3(\tau) Z_{3\alpha}(\tau) = -\frac{\widetilde{A}_1(\tau)\widetilde{A}_2^*(\tau)e^{i\Omega_\alpha\tau}}{\Omega_\alpha(\omega_1-\omega_2+\omega_3)}, \tag{4.26}$$

$$\widetilde{A}_4(\tau) Z_{4\beta}(\tau) = -\frac{\widetilde{A}_1(\tau)^2 e^{i\Omega_\beta\tau}}{\Omega_\beta(2\omega_1+\omega_4)}. \tag{4.27}$$

ところで，もとの振幅パラメター A_j は導入した時間変数 τ に依存すべきではないので，

$$\frac{\mathrm{d}A_j}{\mathrm{d}\tau} = 0 \tag{4.28}$$

が成り立つ．したがって，(4.19)-(4.22)式より，α, β の1次までで，くりこみ群方程式：

$$\frac{\mathrm{d}\widetilde{A}_1(\tau)}{\mathrm{d}\tau} + \left[\alpha\frac{\mathrm{d}Z_{1\alpha}(\tau)}{\mathrm{d}\tau} + \beta\frac{\mathrm{d}Z_{1\beta}(\tau)}{\mathrm{d}\tau}\right]\widetilde{A}_1(\tau) = 0, \tag{4.29}$$

$$\frac{\mathrm{d}\widetilde{A}_2(\tau)}{\mathrm{d}\tau} + \alpha\frac{\mathrm{d}Z_{2\alpha}(\tau)}{\mathrm{d}\tau}\widetilde{A}_2(\tau) = 0, \tag{4.30}$$

$$\frac{\mathrm{d}\widetilde{A}_3(\tau)}{\mathrm{d}\tau} + \alpha\frac{\mathrm{d}Z_{3\alpha}(\tau)}{\mathrm{d}\tau}\widetilde{A}_3(\tau) = 0, \tag{4.31}$$

$$\frac{\mathrm{d}\widetilde{A}_4(\tau)}{\mathrm{d}\tau} + \beta\frac{\mathrm{d}Z_{4\beta}(\tau)}{\mathrm{d}\tau}\widetilde{A}_4(\tau) = 0 \tag{4.32}$$

が得られる．ただし，ここで，$\mathrm{d}\widetilde{A}_j(\tau)/\mathrm{d}\tau \sim O(\alpha)$ あるいは $O(\beta)$ を考慮した．また，方程式(4.23)-(4.27)を τ で微分して，結合定数の最低次で，

$$\widetilde{A}_1(\tau)\frac{\mathrm{d}Z_{1\alpha}(\tau)}{\mathrm{d}\tau} = -\frac{i\widetilde{A}_2(\tau)\widetilde{A}_3(\tau)e^{-i\Omega_\alpha\tau}}{\omega_1+\omega_2+\omega_3}, \tag{4.33}$$

$$\widetilde{A}_1(\tau)\frac{\mathrm{d}Z_{1\beta}(\tau)}{\mathrm{d}\tau} = -\frac{2i\widetilde{A}_1^*(\tau)\widetilde{A}_4(\tau)e^{-i\Omega_\beta\tau}}{\omega_4}, \tag{4.34}$$

$$\widetilde{A}_2(\tau)\frac{\mathrm{d}Z_{2\alpha}(\tau)}{\mathrm{d}\tau} = -\frac{i\widetilde{A}_1(\tau)\widetilde{A}_3^*(\tau)e^{i\Omega_\alpha\tau}}{\omega_1+\omega_2-\omega_3}, \tag{4.35}$$

$$\widetilde{A}_3(\tau)\frac{\mathrm{d}Z_{3\alpha}(\tau)}{\mathrm{d}\tau} = -\frac{i\widetilde{A}_1(\tau)\widetilde{A}_2^*(\tau)e^{i\Omega_\alpha\tau}}{\omega_1-\omega_2+\omega_3}, \tag{4.36}$$

$$\widetilde{A}_4(\tau)\frac{\mathrm{d}Z_{4\beta}(\tau)}{\mathrm{d}\tau} = -\frac{i\widetilde{A}_1(\tau)^2 e^{i\Omega_\beta\tau}}{2\omega_1+\omega_4} \tag{4.37}$$

が得られ,これらと(4.29)-(4.32)式を組み合わせることで,くりこみ定数を消去して,

$$\frac{\mathrm{d}\widetilde{A}_1(\tau)}{\mathrm{d}\tau} = \frac{i\alpha\widetilde{A}_2(\tau)\widetilde{A}_3(\tau)e^{-i\Omega_\alpha\tau}}{\omega_1+\omega_2+\omega_3} + \frac{2i\beta\widetilde{A}_1^*(\tau)\widetilde{A}_4(\tau)e^{-i\Omega_\beta\tau}}{\omega_4}, \tag{4.38}$$

$$\frac{\mathrm{d}\widetilde{A}_2(\tau)}{\mathrm{d}\tau} = \frac{i\alpha\widetilde{A}_1(\tau)\widetilde{A}_3^*(\tau)e^{i\Omega_\alpha\tau}}{\omega_1+\omega_2-\omega_3}, \tag{4.39}$$

$$\frac{\mathrm{d}\widetilde{A}_3(\tau)}{\mathrm{d}\tau} = \frac{i\alpha\widetilde{A}_1(\tau)\widetilde{A}_2^*(\tau)e^{i\Omega_\alpha\tau}}{\omega_1-\omega_2+\omega_3}, \tag{4.40}$$

$$\frac{\mathrm{d}\widetilde{A}_4(\tau)}{\mathrm{d}\tau} = \frac{i\beta\widetilde{A}_1(\tau)^2 e^{i\Omega_\beta\tau}}{2\omega_1+\omega_4} \tag{4.41}$$

が得られることになる.これがくりこまれた振幅 $\widetilde{A}_j(\tau)$ を決定する方程式である.

(4.38)-(4.41)式により決定される振幅 $\widetilde{A}_j(\tau)$ は時定数 $1/\Omega_\alpha$, $1/\Omega_\beta$ 程度でゆっくりと時間変動する.そして,時間変数 τ を時間 t と読み替えることで,(4.15)-(4.18)式により(結合定数の1次の寄与は消えているので),初期条件 $q_j(0) = \widetilde{A}_j(0) + \widetilde{A}_j^*(0)$ から,得られた $\widetilde{A}_j(t)$ を用いて,

$$q_j(t) = \widetilde{A}_j(t)e^{i\omega_j t} + \widetilde{A}_j^*(t)e^{-i\omega_j t} \tag{4.42}$$

と表すことができる.このとき,各モードのエネルギーは調和近似の下で,$E_j(t) = 2\omega_j^2|\widetilde{A}_j(t)|^2$ である.

上の処方箋では,フェルミ共鳴 ($\Omega_\alpha, \Omega_\beta \sim 0$) の近傍で,摂動法における見かけの発散をくりこみ定数にうまく吸収させることで,モード q_j の運動を周

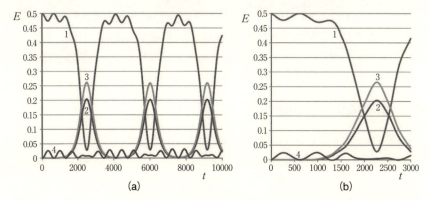

図 4.7 (a) くりこみ群理論による式(4.38)-(4.42)から得られた四つのモード(モード1, モード2, モード3, モード4)のエネルギー E の時間(t)変化. 時刻 $t=0$ でモード1にエネルギー $E_1=0.5$ を与えている[18]. (b) 運動方程式(4.7)-(4.10)を数値的に解いて得られた振動エネルギー移動の様子.

波数 ω_j で特徴付けられる速い動きと, くりこまれた振幅 $\widetilde{A}_j(t)$ による遅い動きとに分離して表現することになっている. これは, $\Omega_\alpha, \Omega_\beta \to 0$ の極限ではよい近似となることが期待されるが, 実際のタンパク質系ではどのようになっているだろうか. 森次ら[17, 18]は, ミオグロビンに対する全原子 MD シミュレーションにおける振動エネルギー移動を表現する(4.6)式の4モードモデルにおいて, $\omega_1=5.385$, $\omega_2=2.362$, $\omega_3=3.024$, $\omega_4=10.779$, $\alpha=-0.13$, $\beta=0.12$ のようにパラメーターを定めた. このとき, $\Omega_\alpha=-0.001$, $\Omega_\beta=-0.009$ であり, $|\Omega_\alpha|, |\Omega_\beta| \ll \omega_j$ の条件はおおよそ満たされている. この場合に, (4.6)式の4モードモデルの時間的振舞いが全原子 MD の結果をよく再現することは確かめられているが, 図 4.7(a)に, (4.38)-(4.42)式に基づき, 初期時刻 $t=0$ にモード1にエネルギー $E_1=0.5$ を与えた場合の四つのモードのエネルギー変化の様子が示されている. 振動エネルギー移動に関する, この時間変動の様子は, 図 4.7(b)に示す運動方程式(4.7)-(4.10)を直接数値的に積分した結果とよく一致しており, 上で紹介したくりこみ群の手法の有効性を示している. 特に, 系がもともと持っている $1/\omega_j$ 程度の固有振動の時間スケールと比べてはるかに長い時間スケール($\sim 1/\Omega$)で起こる共鳴的な振動エネルギー移動の様子が適確に再現されている点に注目されたい. このゆっくりとした時間変動

は，くりこまれた振幅 $\tilde{A}_j(t)$ により包絡線的なダイナミクスとして記述されている．ただし，実際にタンパク質が細胞内で機能する常温下では，多数の非共鳴モードとの相互作用による散逸・緩和効果が現れることが予想される．

4.4 粗視化モデルの非平衡熱力学

本節では，4.1節で触れたような系統的な自由度削減の操作によって何らかのミクロなモデルを粗視化したモデルが得られたとし，その比較的長時間の緩和ダイナミクスに伴う非平衡の熱力学的記述について述べる．

今，温度 T の熱浴に接した，粗視化された d 次元の運動自由度(座標) $\boldsymbol{r}=(r_1, r_2, ..., r_d)$ を持つ系を考え，その時間微分が，

$$\dot{\boldsymbol{r}} = -\frac{D}{k_B T}\nabla U(\boldsymbol{r}) + \boldsymbol{\eta}(t) \tag{4.43}$$

を満たすとする．方程式(4.43)は，(4.1)式の左辺にあたる慣性項を無視した過減衰(overdamped)の**ランジュバン方程式**と呼ばれ[23]，タンパク質の構造変化やリガンド分子ドッキングなどの比較的長時間のダイナミクスの粗視化された記述にしばしば用いられる．ここで，k_B, D, $U(\boldsymbol{r})$ はそれぞれボルツマン定数，拡散係数，ポテンシャルエネルギーを表し，$\boldsymbol{\eta}(t)$ は平均値ゼロ，揺動散逸関係

$$\langle \eta_i(t)\eta_j(t')\rangle = 2D\delta_{ij}\delta(t-t') \tag{4.44}$$

(⟨ ⟩は統計平均)を満たすガウス型雑音(揺動力)である．

このとき，時刻 t における $\{\boldsymbol{r}\}$ の分布関数 $P(\boldsymbol{r}, t)$ は**フォッカー-プランク方程式**

$$\frac{\partial}{\partial t}P(\boldsymbol{r}, t) = D\nabla\cdot\left[\nabla P(\boldsymbol{r}, t) + \frac{1}{k_B T}\nabla U(\boldsymbol{r})P(\boldsymbol{r}, t)\right] \tag{4.45}$$

に従うことが知られている[23]．そしてその解は時刻無限大 ($t\to\infty$) でボルツマン分布 $P(\boldsymbol{r}, t)\to Ce^{-U(\boldsymbol{r})/k_B T}$ (C は規格化定数)に帰着する．

フォッカー-プランク方程式(4.45)を解くために，「波動関数」$\psi(\boldsymbol{r}, t)$ を

$$\psi(\boldsymbol{r}, t) = P(\boldsymbol{r}, t)e^{U(\boldsymbol{r})/2k_B T} \tag{4.46}$$

により導入してみよう．このとき $\psi(\boldsymbol{r}, t)$ は量子力学の時間に依存するシュレディンガー方程式で t を t/i に置き換えた「虚時間」シュレディンガー方程式

4.4 粗視化モデルの非平衡熱力学

$$-\frac{\partial}{\partial t}\psi(\boldsymbol{r},t) = \hat{H}_{\text{eff}}\psi(\boldsymbol{r},t) \tag{4.47}$$

を満たす．ここで，有効ハミルトニアンは

$$\hat{H}_{\text{eff}} = -D\Delta + V_{\text{eff}}(\boldsymbol{r}), \tag{4.48}$$

$$V_{\text{eff}}(\boldsymbol{r}) = \frac{D}{(2k_{\text{B}}T)^2}\{[\nabla U(\boldsymbol{r})]^2 - 2k_{\text{B}}T\Delta U(\boldsymbol{r})\} \tag{4.49}$$

で与えられる．このとき，時間に依存しないシュレディンガー方程式

$$\hat{H}_{\text{eff}}\phi(\boldsymbol{r}) = E\phi(\boldsymbol{r}) \tag{4.50}$$

の基底状態解はエネルギー $E_0 = 0$ を持つ

$$\phi_0(\boldsymbol{r}) = Ce^{-U(\boldsymbol{r})/2k_{\text{B}}T} \tag{4.51}$$

であり，(4.46)式により対応する分布関数はボルツマン分布となり，以下で見るように，これが $t\to\infty$ での平衡分布である．

このように，確率微分方程式(4.43)で表される粗視化された自由度 $\boldsymbol{r}$ の古典ダイナミクスが(4.47)式で表される運動エネルギー $-D\Delta$ とポテンシャルエネルギー項 $V_{\text{eff}}(\boldsymbol{r})$ からなる有効ハミルトニアン $\hat{H}_{\text{eff}}$ を持つ量子系の虚時間発展ダイナミクスに形式的にマップされる[24,25]．そのとき，量子力学の経路積分の手法[26]を用いることができて，始時刻 t_{i} と終時刻 t_{f} における座標がそれぞれ $\boldsymbol{r}(t_{\text{i}}) = \boldsymbol{r}_{\text{i}}$ ならびに $\boldsymbol{r}(t_{\text{f}}) = \boldsymbol{r}_{\text{f}}$ であるという境界条件の下で，伝播関数(propagator あるいはグリーン関数)が

$$G(\boldsymbol{r}_{\text{f}},t_{\text{f}}|\boldsymbol{r}_{\text{i}},t_{\text{i}}) = \langle \boldsymbol{r}_{\text{f}}|e^{-\hat{H}_{\text{eff}}(t_{\text{f}}-t_{\text{i}})}|\boldsymbol{r}_{\text{i}}\rangle = \int_{\boldsymbol{r}_{\text{i}}}^{\boldsymbol{r}_{\text{f}}}\mathcal{D}[\boldsymbol{r}(\tau)]e^{-S_{\text{eff}}[\boldsymbol{r}]} \tag{4.52}$$

と表現される．ここで，(4.52)式の最後の表式は，有効作用

$$S_{\text{eff}}[\boldsymbol{r}] = \int_{t_{\text{i}}}^{t_{\text{f}}}d\tau\left\{\frac{[\dot{\boldsymbol{r}}(\tau)]^2}{4D} + V_{\text{eff}}[\boldsymbol{r}(\tau)]\right\} \tag{4.53}$$

を用いた座標上の汎関数積分の形で表されている．このとき，分布関数 $P(\boldsymbol{r},t)$ に対する伝播関数は

$$\tilde{P}(\boldsymbol{r}_{\text{f}},t_{\text{f}}|\boldsymbol{r}_{\text{i}},t_{\text{i}}) = e^{-[U(\boldsymbol{r}_{\text{f}})-U(\boldsymbol{r}_{\text{i}})]/2k_{\text{B}}T}G(\boldsymbol{r}_{\text{f}},t_{\text{f}}|\boldsymbol{r}_{\text{i}},t_{\text{i}}). \tag{4.54}$$

により与えられる．

虚時間シュレディンガー方程式(4.47)の形式解は，時間発展演算子 $\exp(-\hat{H}_{\text{eff}}t)$ を用いて，

$$\psi(\boldsymbol{r},t) = e^{-\hat{H}_{\text{eff}}t}\psi(\boldsymbol{r},0) \tag{4.55}$$

のように表される．ここで，時間に依存しないシュレディンガー方程式

$$\hat{H}_{\text{eff}}\phi_i(\boldsymbol{r}) = E_i\phi_i(\boldsymbol{r}) \tag{4.56}$$

の固有解 $\{\phi_i(\boldsymbol{r}), E_i\}$ $(i=0,1,2,...)$ を用いて，始時刻 $t=0$ における波動関数を

$$\phi(\boldsymbol{r},0) = \sum_i c_i\phi_i(\boldsymbol{r}) \tag{4.57}$$

と展開すると，任意の時刻 t における波動関数を

$$\phi(\boldsymbol{r},t) = \sum_i c_i e^{-E_i t}\phi_i(\boldsymbol{r}) \tag{4.58}$$

と書くことができる．したがって，基底状態に縮退がなければ，$t \to \infty$ で

$$\phi(\boldsymbol{r},t) \to c_0\phi_0(\boldsymbol{r}) \tag{4.59}$$

のように波動関数 $\phi(\boldsymbol{r},t)$ は (4.51) 式で与えられる基底状態に収斂する．

有効ハミルトニアン (4.48) が与えられたとき，虚時間 t 上における波動関数 $\phi(\boldsymbol{r},t)$ ならびにそれに対応する分布関数 $P(\boldsymbol{r},t)$ の動的振舞いを電子多体系の理論解析に用いられてきた**拡散モンテカルロ**(Diffusion Monte Carlo; DMC) **法**[27,28]などの手法で記述することができる[25]．DMC 法では，波動関数分布を表現する多数の「ウォーカー(walker)」の生成・消滅プロセスを通してシュレディンガー方程式の正確な数値解を漸近的に求めていく．

このようにして，時間に依存する分布関数 $P(\boldsymbol{r},t)$ が得られたとき，考えている系の時間に依存する内部エネルギー，エントロピー，自由エネルギーは

$$\bar{U}(t) = \int d\boldsymbol{r}\, U(\boldsymbol{r})P(\boldsymbol{r},t), \tag{4.60}$$

$$S(t) = -k_B \int d\boldsymbol{r}\, P(\boldsymbol{r},t)\ln\frac{P(\boldsymbol{r},t)}{P_{\text{ref}}}, \tag{4.61}$$

$$F(t) = \bar{U}(t) - TS(t) \tag{4.62}$$

のように与えられる[25]．ここで，P_{ref} は分布関数の次元を持った規格化定数である．自由エネルギーは分布関数の汎関数として $F[P(\boldsymbol{r},t)]$ と書くことができるが，分布関数に対する規格化条件

$$\int d\boldsymbol{r}\, P(\boldsymbol{r},t) = 1 \tag{4.63}$$

を考慮し，ボルツマン分布

4.4 粗視化モデルの非平衡熱力学

$$P_0(\boldsymbol{r}) = Ce^{-U(\boldsymbol{r})/k_BT} = \frac{e^{-U(\boldsymbol{r})/k_BT}}{\int \mathrm{d}\boldsymbol{r}\, e^{-U(\boldsymbol{r})/k_BT}} \tag{4.64}$$

が自由エネルギーに対する変分条件

$$\frac{\delta}{\delta P(\boldsymbol{r})}\left\{F[P(\boldsymbol{r})] + \lambda\left[\int \mathrm{d}\boldsymbol{r}\, P(\boldsymbol{r}) - 1\right]\right\} = 0 \tag{4.65}$$

(λ はラグランジュ未定乗数) を満たすことを見るのは容易である.

実際,ボルツマン分布は自由エネルギーに対する極小値 F_0 を与える.これを見るには,
$F_0 - F(t)$
$$= \int \mathrm{d}\boldsymbol{r}\, U(\boldsymbol{r})[P_0(\boldsymbol{r}) - P(\boldsymbol{r},t)] + k_BT\left[\int \mathrm{d}\boldsymbol{r}\, P_0(\boldsymbol{r})\ln P_0(\boldsymbol{r}) - \int \mathrm{d}\boldsymbol{r}\, P(\boldsymbol{r},t)\ln P(\boldsymbol{r},t)\right]$$
$$= \int \mathrm{d}\boldsymbol{r}\, U(\boldsymbol{r})[P_0(\boldsymbol{r}) - P(\boldsymbol{r},t)]$$
$$\quad + k_BT\left\{\int \mathrm{d}\boldsymbol{r}\, [P_0(\boldsymbol{r}) - P(\boldsymbol{r},t)]\ln P_0(\boldsymbol{r}) + \int \mathrm{d}\boldsymbol{r}\, P(\boldsymbol{r},t)\ln\frac{P_0(\boldsymbol{r})}{P(\boldsymbol{r},t)}\right\}$$
$$= \int \mathrm{d}\boldsymbol{r}\, U(\boldsymbol{r})[P_0(\boldsymbol{r}) - P(\boldsymbol{r},t)]$$
$$\quad + k_BT\left\{\int \mathrm{d}\boldsymbol{r}\, [P_0(\boldsymbol{r}) - P(\boldsymbol{r},t)]\left[\ln C - \frac{U(\boldsymbol{r})}{k_BT}\right] + \int \mathrm{d}\boldsymbol{r}\, P(\boldsymbol{r},t)\ln\frac{P_0(\boldsymbol{r})}{P(\boldsymbol{r},t)}\right\}$$
$$= k_BT\int \mathrm{d}\boldsymbol{r}\, P(\boldsymbol{r},t)\ln\frac{P_0(\boldsymbol{r})}{P(\boldsymbol{r},t)} \tag{4.66}$$

と式変形し, $x>0$ に対して $\ln x \leq x-1$ が成り立つ(等号は $x=1$ のとき)ことを用いればよい.このようにして,

$$F_0 - F(t) \leq k_BT\int \mathrm{d}\boldsymbol{r}\, P(\boldsymbol{r},t)\left[\frac{P_0(\boldsymbol{r})}{P(\boldsymbol{r},t)} - 1\right] = 0 \tag{4.67}$$

となり,不等式 $F(t) \geq F_0$ が得られ,等号は $P(\boldsymbol{r},t) = P_0(\boldsymbol{r})$ のとき成り立つ.したがって,時間に依存する自由エネルギー $F(t)$ は,虚時間の発展とともに,ボルツマン分布で与えられる極小値 F_0 に漸近していく.

実際に計算機シミュレーションによって自由エネルギーの時間変化を追うとき,系の座標自由度の次元が高くなると,(4.61)式によるエントロピーの定量的評価が難しくなることが考えられる.ただし,このときも,もし全系の自由

度が「変化の小さい」(自由度のサイズとしては大きい)部分 $\{r'\}$ と「比較的変化の大きい」(自由度のサイズとしては小さい)部分 $\{r\}$ に分けられ，分布関数がそれらの寄与の積として

$$P(r', r) = P_{\mathrm{L}}(r') P_{\mathrm{S}}(r) \tag{4.68}$$

と近似できるとすると，エントロピーの変化は「反応座標」である小自由度の $\{r\}$ のみで記述することができる．すなわち，全系が状態1から状態2に変化するとしてそのエントロピー変化を

$$\Delta S_{1\to 2} = S_2 - S_1$$
$$= k_{\mathrm{B}} \int dr' dr P_1(r', r) \ln P_1(r', r) - k_{\mathrm{B}} \int dr' dr P_2(r', r) \ln P_2(r', r) \tag{4.69}$$

と表すとき，(4.68)式を用い，$P_{\mathrm{L}}(r')$ 部分は反応前後で不変であるとすると，$P_{\mathrm{L}}(r')$, $P_{\mathrm{S}}(r)$ それぞれに対する規格化条件を用いれば，

$$\Delta S_{1\to 2} = k_{\mathrm{B}} \int dr P_{\mathrm{S}1}(r) \ln P_{\mathrm{S}1}(r) - k_{\mathrm{B}} \int dr P_{\mathrm{S}2}(r) \ln P_{\mathrm{S}2}(r)$$
$$= S_{\mathrm{S}2} - S_{\mathrm{S}1} \tag{4.70}$$

となり，少数自由度 $\{r\}$ に付随するエントロピー変化として近似的に記述することができる．

以上のような理論的枠組に基づいて，例えばタンパク質フォールディングやリガンドドッキングなど生体分子の関わる動的過程を(粗視化された)比較的少数の自由度の反応座標を用いて記述することができる．上記の定式化は古典力学的なダイナミクスの問題を量子力学的な形式にマッピングする方法であるが，近年生体分子シミュレーションの長時間ダイナミクスを扱う一手法として注目されているマルコフ状態モデル(状態間遷移ネットワークに対するマスター方程式を用いる一種の粗視化モデル)[29]の理論解析において，第2章で紹介した分子軌道法とのアナロジーを用いることができる[30]こととも対応している(3.4.2節も参照)．また，DMC法を用いる上述の手法で実際に少数自由度の等温散逸系の非平衡緩和過程のシミュレーションがなされている[25]．それによれば，粗視化された力学変数間に働く実効ポテンシャル $U(r)$ の形によって対象系のエントロピーが減少する様子も具体的に示すことができ，このことはシュレディンガーが提唱した[31]いわゆる「ネゲントロピー」に対応

する．

4.5 細胞レベルのシミュレーション

本章の今までの節で，原子核と電子のレベル（階層）からスタートして，タンパク質や核酸などの生体分子レベル，さらにはそれらの複合系や周囲の水溶媒も含めた分子集合体レベルと，空間的また時間的に徐々にスケールアップしていくシミュレーション手法の考え方について述べてきた．その延長上に光合成系・呼吸鎖系や代謝系・転写制御系などの細胞内装置，細胞一個全体，さらには細胞間相互作用といったさらに上の階層の理論モデル的記述が可能となるが，その橋渡しの役割をするのが，ある分子状態の密度・濃度と，その時間発展を特徴づける反応速度定数，そしてその支配方程式（マスター方程式）である．これによって，細胞内における代謝，遺伝子発現，光合成や呼吸などの様々な反応の定量的な記述が可能となる．これら反応ネットワークを連立微分方程式系として表現する理論形式は最近ではシステム生物学の重要な一分野と位置づけられている[32, 33]．

光合成系に関しては第6章で詳しく述べることとして，ここではこのような細胞レベルの粗視化シミュレーションに関する一般的な注意をいくつかしておこう．例えば，細胞内の代謝反応や情報伝達ネットワークをシステム的にとらえるとき，通常は，ユニット（要素）としての分子系のある状態のある時刻における存在密度を変数にとり，それらの間の動的関係を連立微分方程式として定式化する．細胞は「区画化された」存在であり，実際にはその中でのあるタンパク質の状態はそれが細胞内のどこにあるかに依存すると考えられるが，通常そういった空間依存性は（問題を簡単にするため）無視されることが多い．また，ある区画に含まれる特定のタンパク質などの数は必ずしも密度が連続変数と思われるほどは多くはなく，その少数性やゆらぎも重要となってくる[34]．しかしながら，こういった効果もまた，多くのシミュレーションでは無視されて，連続変数としての濃度が（しばしば決定論的方程式に従って）表されることが多い．それにも関わらず，様々な生体系においてこういった計算機シミュレーションは実験とよい整合性を示し，実験に先立つ予言能力さえ持つ場合もある．さらに，これに関連して今後検討すべき課題として，1)分子間の衝突・

会合定数や反応速度定数を理論的に求める場合，細胞内の生体分子周辺の溶媒や他分子の影響(分子夾雑効果)をどう正確に取り入れるか，2) DNA や RNA の持つ生体固有の遺伝情報をどのようにシミュレーションに取り入れるか(多くの場合，タンパク質の構造情報などに陰に反映されている)，3) 系全体の非平衡な熱力学(エントロピーや自由エネルギーの流れ)をどう記述するか(大局的には，地球上の生命系は太陽光エネルギーによって駆動されている)，などが考えられ，将来における解決が待ち望まれている．

本章の最後に，ここまで述べてきた「粗視化」に対する考え方・見方が昨今の情報科学・データサイエンスの急展開によって大きく変わりつつあることについて触れておく．近年，**機械学習**(Machine Learning; ML)や**人工知能**(Artificial Intelligence; AI)の研究開発が進み，大規模なデータ(ビッグデータ)を扱う基盤技術の進展と相俟って，科学全般およびその実生活への応用に大きな変革がもたらされている．2016 年にグーグル・ディープマインド社が開発した囲碁ソフト「アルファ碁」が世界最強の棋士の一人を打ち破ったニュースは，人工知能 AI が人間の知性を脅かす象徴的な事例として多くの人々に衝撃を与えた．人間の知能や知性をどのように定義づけるかについては様々な立場があろうが，直観的判断や創造性と関係づけられる部分はいわば「指数関数的複雑さの効率的処理」とも見なせ，人間の尊厳に関わる一種の「聖域」であった．ML/AI の一技術として開発された深層学習(ディープラーニング)が高速かつ正確な情報圧縮を行うことで「組み合わせ爆発」の困難を克服し，ついには人間知性の牙城を脅かすまでになったことが引き金となり，科学の多種多様な分野で急速な(情報)技術革命が起こりつつある．これを生体分子や細胞シミュレーションの文脈に焼き直すと，ミクロな第一原理計算(およびそれに対応する実験結果)からもたらされる膨大なデータ・情報を機械的に圧縮することで，今まで人間の直観的理解に依拠していた粗視化モデリングが自動的に遂行される未来図として想像することができる．ボトムアップ的な生体シミュレーションは煎じ詰めれば，何らかのユニット間に働く正確かつ効率的な相互作用「力場」をいかに構築するかという作業であり，その要諦を AI 技術がこれからどのように担っていくのか，興味は尽きない．また，量子コンピューティングなどの量子情報処理技術との融合も今後試みられることになろう．こういった方向性において，細胞レベルのシミュレーションを含む将来の生命科

学シミュレーションは，第 1 章で触れた「物質」の側面と「情報」の側面が統合されていく形になると予想される．

第 4 章　参考文献

［1］　川崎恭治，「非平衡と相転移-メソスケールの統計物理学」，朝倉書店（2000）．
［2］　M. Stepanova, Phys. Rev. E **76**（2007）051918.
［3］　T. Kinjo, S. Hyodo, Phys. Rev. E **75**（2007）051109.
［4］　A. T. P. Carvalho, A. Barrozo, D. Doron, A. V. Kilshtain, D. T. Major, S. C. L. Kamerlin, J. Mol. Graph. Model. **54**（2014）62.
［5］　H. Jonsson, G. Mills, K. W. Jacobsen, in "Classical and Quantum Dynamics in Condensed Phase Simulations", edited by B. J. Berne, G. Ciccotti, D. F. Coker, World Scientific, Singapore（1998）p. 385.
［6］　G. Henkelman, H. Jonsson, J. Chem. Phys. **113**（2000）9978.
［7］　L. Xie, H. Liu, W. Yang, J. Chem. Phys. **120**（2004）8039.
［8］　S. J. Marrink, H. J. Risselada, S. Yefimov, D. P. Tieleman, A. H. de Vries, J. Phys. Chem. B **111**（2007）7812.
［9］　H. Taketomi, Y. Ueda, N. Go, Intern. J. Pept. Prot. Res. **7**（1975）445.
［10］　W. G. Noid, J. Chem. Phys. **139**（2013）090901.
［11］　S. Izvekov, G. A. Voth, J. Phys. Chem. B **109**（2005）2469.
［12］　B. Alberts 他著，中村桂子，松原謙一監訳，「Essential 細胞生物学（原書第 4 版）」，南江堂（2016）．
［13］　N. Koga, S. Takada, Proc. Natl. Acad. Sci. USA **103**（2006）5367.
［14］　C. Clementi, H. Nymeyer, J. N. Onuchic, J. Mol. Biol. **298**（2000）937.
［15］　J. P. Abrahams, A. G. Leslie, R. Lutter, J. E. Walker, Nature **370**（1994）621.
［16］　R. I. Menz, J. E. Walker, A. G. Leslie, Cell **106**（2001）331.
［17］　K. Moritsugu, O. Miyashita, A. Kidera, Phys. Rev. Lett. **85**（2000）3970.
［18］　K. Moritsugu, O. Miyashita, A. Kidera, J. Phys. Chem. B **107**（2003）3309.
［19］　T. Uzer, W. H. Miller, Phys. Rep. **199**（1991）73.
［20］　L.-Y. Chen, N. Goldenfeld, Y. Oono, Phys. Rev. E **54**（1996）376.
［21］　K. Nozaki, Y. Oono, Phys. Rev. E **63**（2001）046101.
［22］　S. Tanaka, J. Phys. Soc. Jpn. **81**（2012）033801.
［23］　A. Nitzan, "Chemical Dynamics in Condensed Phases", Oxford University Press, New York（2006）.
［24］　P. Faccioli, M. Sega, F. Pederiva, H. Orland, Phys. Rev. Lett. **97**（2006）108101.

[25] S. Tanaka, J. Chem. Phys. **144**(2016)094103.
[26] R. P. Feynman, A. R. Hibbs, "Quantum Mechanics and Path Integrals", McGraw-Hill, New York(2005).
[27] H. L. Cuthbert, S. M. Rothstein, J. Chem. Educ. **76**(1999)1378.
[28] B. M. Austin, D. Y. Zubarev, W. A. Lester, Jr., Chem. Rev. **112**(2012)263.
[29] C. R. Schwantes, R. T. McGibbon, V. S. Pande, J. Chem. Phys. **141**(2014)090901.
[30] F. Nüske, G. G. Keller, G. Pérez-Hernández, A. S. J. S. Mey, F. Noé, J. Chem. Theory Comput. **10**(2014)1739.
[31] E. シュレーディンガー著，岡小天，鎮目恭夫訳,「生命とは何か-物理的にみた生細胞」, 岩波書店(1951).
[32] Uri Alon 著，倉田博之，宮野悟訳,「システム生物学入門-生物回路の設計原理」, 共立出版(2008).
[33] R. Eils, A. Kriete, ed., "Computational Systems Biology-From Molecular Mechanisms to Disease", 2nd ed., Academic Press, San Diego, USA(2014).
[34] 永井健治，冨樫祐一編,「少数性生物学」, 日本評論社(2017).

第 5 章

応用例 I：構造ベース創薬

　生体分子シミュレーションの有用な適用分野として，医療・創薬への応用が挙げられる．何らかの疾患に関わるタンパク質が同定されたとき，それはいわゆる分子標的薬のターゲットとなる．タンパク質は 20 種類のアミノ酸がペプチド結合で結ばれた鎖が折り畳まれた構造をしており，X 線結晶構造解析などを通してその 3 次元立体構造が知られているとき，その構造におけるリガンド結合ポケットを探して，そこに強く結合する薬剤候補分子を合理的に設計することを，計算機を利用したインシリコ(*in silico*)創薬技術はサポートすることができる[1]．本章では，このような構造ベース・インシリコ創薬の基本的な方法論を解説する．

5.1　インシリコ創薬の基礎：リガンド結合自由エネルギー

　昨今，製薬企業が新たな薬を創製し上市するには莫大な研究開発費(1000 億円以上)と長い開発期間(10 年以上)を要すると言われており，それらのコストや時間を削減するために，(機械学習や人工知能も含めた)インシリコシミュレーション技術の活用に大きな期待がかけられている．コンピュータ技術の創薬への適用には長い歴史があり，かつては薬剤候補(リガンド)分子の化学的性質に注目し，その構造と活性の相関関係を追及する(定量的構造活性相関：Quantitative Structure-Activity Relationship；QSAR)，いわゆるリガンドベースの薬剤設計(Ligand-Based Drug Design；LBDD)が主流であったが，最近では疾患に関与するターゲットタンパク質の配列・構造情報の蓄積に伴い，3 次元立体構造情報に基づく，いわゆる**構造ベースの薬剤設計**(Structure-Based Drug Design；SBDD)が主流となりつつある．以下では，SBDD を中心にインシリコ創薬の基本的な考え方を紹介する．

　一般に，疾患原因となるタンパク質(あるいは核酸)分子が特定されたとき，それを標的として特異的に強く結合する(多くの場合は比較的小さな)分子を探索・設計することが SBDD の基本である(図 5.1)．そのため，通常は，膨大

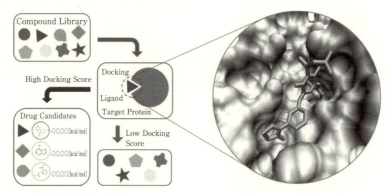

図 5.1 薬剤候補分子の構造ベース・ヴァーチャル(インシリコ)スクリーニングの概念図．右側の図で，標的(ターゲット)タンパク質のリガンド結合ポケットに薬剤候補分子(中央スティック表示)が結合する様子を示す(上原彰太氏提供).

な化合物ライブラリーの中から「有望な」分子(ヒット化合物)を探し出し，それらを化学的に修飾していく(リード化合物の最適化)ことで望ましい薬剤候補へと仕上げていく．このプロセスにおいて主に計算機シミュレーションに要求されることは，標的タンパク質の構造が与えられたときに，それと薬剤候補分子の結合活性，特に**結合自由エネルギー**を立体構造に基づき正確に計算することである．シミュレーション技術の進歩に伴い，現在では細胞環境を模した水溶液中の標的タンパク質の結合ポケットに対して小分子が結合する様子を古典力学的力場を用いた分子動力学(MD)法を用いてシミュレーションすることが比較的容易となっており，平衡熱力学量としての結合自由エネルギーの正確な評価も可能である．そのためには，第 3 章で述べた効率的な MD サンプリングや自由エネルギー計算の手法が使われる．

図 5.2 に水溶液(SOL)中でタンパク質(P)とリガンド分子(L)が結合する際の結合自由エネルギー ΔG_{bind} を求める際に有用な熱力学サイクルの図式を示す．図の四隅の状態がそれぞれ平衡状態であれば，図で時計回りあるいは反時計回りに一周した際の自由エネルギー変化はゼロとなる．したがって，P と L が離れて水溶液中にある $P_{(SOL)} + L_{(SOL)}$ 状態から結合して水溶液中にある $PL_{(SOL)}$ 状態へ移行する際の自由エネルギー変化 ΔG_{bind} を求めるには，タンパク質のみが水溶液中にあってリガンドが真空中に孤立している $P_{(SOL)} +$

5.1 インシリコ創薬の基礎:リガンド結合自由エネルギー

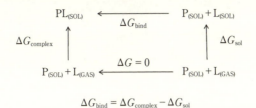

$$\Delta G_{\text{bind}} = \Delta G_{\text{complex}} - \Delta G_{\text{sol}}$$

図 5.2 結合自由エネルギー ΔG_{bind} を計算するための熱力学サイクル.P,L はそれぞれタンパク質とリガンド分子を表し,PL はその複合体を表す.また,"SOL","GAS" はそれぞれ(水)溶液状態と気相(真空中孤立)状態を表す.$\Delta G_{\text{complex}}$ と ΔG_{sol} はそれぞれ,リガンドがタンパク質に結合した状態と結合していない状態への変化に対する溶液中の(リガンドとそれ以外との相互作用をオフからオンにする際の)自由エネルギー変化を表す.

$L_{\text{(GAS)}}$ 状態から $PL_{\text{(SOL)}}$ 状態へ移行する際の $\Delta G_{\text{complex}}$ と,$P_{\text{(SOL)}}+L_{\text{(GAS)}}$ 状態から $P_{\text{(SOL)}}+L_{\text{(SOL)}}$ 状態へ移行する際の ΔG_{sol} を求めて,その差をとればよい.縦方向の矢印の向きを逆にした反応の $-\Delta G_{\text{complex}}$ および $-\Delta G_{\text{sol}}$ を求めるには,それぞれ $PL_{\text{(SOL)}}$,$P_{\text{(SOL)}}+L_{\text{(SOL)}}$ 状態から出発して,リガンド分子とそれ以外との相互作用を徐々に消失させていく過程をシミュレーションして,その自由エネルギー変化を自由エネルギー摂動法や熱力学積分法などを用いて求めればよい.ここで,一段階の変化 ΔG_{bind} を直接求めないで,二つの反応過程の $\Delta G_{\text{complex}}$,$\Delta G_{\text{sol}}$ を計算するのは,そのほうがリガンド結合過程という大きな構造変化をシミュレートする必要がなく,したがって計算精度を保ちつつ低コストでの計算が可能と考えられるからである.

上で述べたような手法によってタンパク質とリガンド分子の間の結合自由エネルギー ΔG_{bind} の評価が可能となるが,多くの場合,実験との比較で有用となるのは,ある特定の標的タンパク質に対してリガンド分子を様々に変えたとき,あるいは,あるタンパク質とリガンド分子の組み合わせに対してタンパク質のアミノ酸を変異させたときの相対的な自由エネルギー変化 $\Delta\Delta G_{\text{bind}}$ である.その際,これを効率的に求める熱力学サイクルを用いたスキームが図 5.3 に示されている[2].図で求めたいのは,あるタンパク質-リガンドの組み合わせに対する結合自由エネルギー ΔG_{A} と,リガンドあるいはタンパク質を変化させたときの結合自由エネルギー ΔG_{B} の差 $\Delta\Delta G_{\text{bind}} = \Delta G_{\text{B}} - \Delta G_{\text{A}}$ であるが,

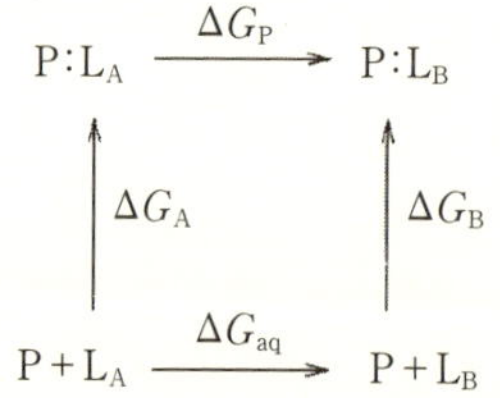

$$P:L_A \xrightarrow{\Delta G_P} P:L_B$$

$$\uparrow \Delta G_A \qquad \uparrow \Delta G_B$$

$$P+L_A \xrightarrow{\Delta G_{aq}} P+L_B$$

$$\Delta\Delta G_{bind} = \Delta G_P - \Delta G_{aq} = \Delta G_B - \Delta G_A$$

図 5.3 結合自由エネルギー差 $\Delta\Delta G_{bind}$ を求めるための熱力学サイクル.P,L_A,L_B はそれぞれタンパク質とリガンド A,B を表し,P:L,P+L はタンパク質とリガンドが結合した状態,解離した状態を表す.2種類のリガンドに対する結合自由エネルギー ΔG_A,ΔG_B の差を求めるためには,タンパク質とリガンドが結合した状態と解離した状態のそれぞれでリガンドを A から B に変える際の自由エネルギー変化 ΔG_P,ΔG_{aq} を求め,その差を計算すればよい.

熱力学サイクルを使って,これを,結合状態において分子変化を起こす際の自由エネルギー変化と解離状態において分子変化を起こす際の自由エネルギー変化の差 $\Delta G_P - \Delta G_{aq}$ の計算で置き換えることができる.後者のほうが計算のコストパフォーマンスがよいことの理由は上の図 5.2 の場合と同様であり,図 5.3 の場合も,自由エネルギー摂動法などを用いる場合,リガンドあるいはアミノ酸に関わる相互作用ポテンシャルを徐々に変化させながら自由エネルギー変化を計算して始状態から終状態まで足し合わせていくことになる.その際,リガンド分子や変異アミノ酸の構造も徐々に変化していくことになるが,シミュレーションにおいては通常それを力場ポテンシャルの重ね合わせとして表現することが多い[3,4].

　以上,標的タンパク質と薬剤候補分子の結合自由エネルギーを主として MD 法で求める手法の概要を述べたが,薬剤探索・設計の観点からはその結合活性以外にも考慮すべき点がある.例えば,薬剤候補分子が,その体内での吸収 (Absorption),分布 (Distribution),代謝 (Metabolism),排泄 (Excretion) などの動態に関して望ましい性質を持つかどうかの,いわゆる ADME の問題も重要となってくる.また,毒性や副作用に関する検討も必要である.これらを分子レベルで議論するためには,薬剤候補分子の水に対する溶解特性や膜透過性,チトクローム P450 などの代謝酵素や他の関連タンパク質との反応性など

に関する理論解析やシミュレーションが必要となろう．また，上記のようなインシリコシミュレーションが可能であるためには，まずもって標的タンパク質の信頼できる3次元立体構造が必要であり，それが求められていない場合には，ホモロジーモデリングなどの構造予測手法[4]に頼る必要がある．タンパク質の立体構造に関しては，Protein Data Bank (PDB)と呼ばれる構造データベース[5]に，2018年7月現在で14万件を超える登録がなされており，これを活用することができる．

5.2 ヴァーチャル・スクリーニングとドッキング・シミュレーション

前節でも述べたように，薬剤探索にあたっては，通常まず100万種を超える膨大な化合物ライブラリーの中から標的タンパク質との結合親和性が高い分子がヒット化合物あるいはリード化合物として選択される．このプロセスは計算機を利用して行われることが多く，**ヴァーチャル・スクリーニング**あるいは**インシリコ・スクリーニング**などと呼ばれる．計算機技術の進歩した昨今では，これをタンパク質の立体構造を基にして行うことが多い（SBDD）が，いきなりすべての候補化合物に対しMD法によって結合自由エネルギー計算を行うことはコストあるいは時間的に困難であり，スクリーニングの初期段階では，簡約化した**ドッキングシミュレーション**が用いられることが通常である[1,4]．

ドッキングシミュレーションを効率的に実行する多くのソフトウェア（AutoDock, GOLD, Glideなど）では，標的タンパク質の構造を固定し，タンパク質とリガンド分子の間の相互作用の強さを定量的に表現するために，様々な「スコア関数」が用いられる．このスコア関数は，実効的に溶媒やエントロピーの効果も取り入れた結合自由エネルギーを表現しようとするものであり，大きく分けて，力場ベースのもの，経験的なもの，統計データに基づいたものなどが知られている．スコア関数を最適化する（最小となる構造を探す）ことで標的タンパク質に対するリガンド分子の結合サイト・ポーズと結合親和性が求められるが，これまでの研究によると，従来のスコア関数と最適化アルゴリズムのいずれの組み合わせを用いても，多数のリガンド分子間の相対的な結合親和性を実験結果通りに十分精度よく再現することは困難であることが指摘され

ている[6,7]．問題の一つはスコア関数の精度*1であり，例えば従来のほとんどすべてのスコア関数では，タンパク質-リガンド分子周辺の溶媒(水)の自由エネルギーの寄与が正しく考慮されていない．この点の改善を，タンパク質周辺の水の密度，エンタルピー，エントロピーの分布をスコア関数に反映させることにより行う試みなどがなされている[8]．また，標的タンパク質の構造変化の柔軟性をドッキング計算に取り入れることもシミュレーション精度の向上に向けては重要であり，これを効率的に行う手法の一つとして，結合ポケットの様々なコンフォメーションを予め発生させておいたうえでリガンドドッキングを行うアンサンブルドッキングの方法がある．このコンフォメーション生成を水に(リガンドの官能基を模した)様々な共溶媒分子(ベンゼン，イソプロパノール，プリンなど)を混ぜたタンパク質のMDシミュレーションを行うことで効果的に行う方法などが提案されている[9]．

ヴァーチャル・スクリーニングにおいて，上で述べた低コストのドッキングシミュレーションの次の段階で通常行われるのが，水中のタンパク質-リガンド分子複合体に対する(すべての原子の自由度を考慮した)MDシミュレーションである．これはタンパク質の運動も考慮するため，リガンド分子の結合ポーズと親和性を求めるうえでかなりの計算コストを要するが，信頼できる力場に基づけば，原理的に正確な結合自由エネルギーの評価が可能である(5.1節参照)．図5.4に，リン酸化酵素であるキナーゼp38に対する16種類のリガンド分子の結合自由エネルギーを熱力学積分法で計算(力場は水はTIP3P，それ以外はCHARMM22)し，結合活性(親和性)を表すpIC_{50}(50%結合阻害濃度の対数 $= -\log_{10} IC_{50}$)の実験値と比較した結果を示す[2]．これを見ると，いくつかの外れ値(図では白丸で表示)があるものの，全体としてはMDシミュレーションによる評価値は実験値とよく相関していることがわかる．

昨今では，計算機技術の進展により，より長時間のMDシミュレーションが比較的低コストで可能となっており，今後も構造ベースのインシリコ・スク

---

*1 薬剤の標的タンパク質への結合活性は通常，IC_{50}(50% inhibitory concentration；50% 阻害濃度)などにより定量化される．$IC_{50} \propto \exp(-\Delta G/k_B T)$より，$T = 300$ K で結合自由エネルギー ΔG が1.37 kcal/mol 変化すると，IC_{50} は1桁変化する．

5.2 ヴァーチャル・スクリーニングとドッキング・シミュレーション

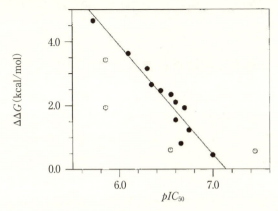

図 5.4 キナーゼ p38 に対する 16 種類のリガンド分子の相対結合自由エネルギー $\Delta\Delta G$ の MD シミュレーションによる計算値（縦軸）と，結合活性 pIC_{50} の実験値（横軸）の比較[2]．自由エネルギーの計算には熱力学積分法が用いられている．

リーニングにかかる期待は大きい．しかしながら，実験の代替技術として完全に信頼できるものとなるためには，さらに精度の改善が求められている．計算精度を損う原因としては，まずは古典シミュレーションで前提とする力場やプロトン化状態の評価の問題（第 3 章参照）が挙げられるが，それ以外に重要なのがサンプリングの信頼性の問題である[10]．上で述べたスコア関数を用いるドッキングシミュレーションの場合とも共通するが，一般にリガンド分子がタンパク質に結合するサイトやポーズには複数の可能性が考えられ，熱平衡状態ではエネルギーの接近した複数のドッキング構造が混在し得る．統計力学の原理によれば，これらの状態を（温度に応じた）しかるべき重みで足し合わせて結合自由エネルギーを算出すべきであるが，実際の MD シミュレーションでそれを理想的に実行することは困難である．そのため，対症療法的に，いくつかの取り得る結合モードを分離して相対結合自由エネルギーを評価する方法などが用いられている．また，サンプリング効率の向上のためには第 3 章で述べたような様々な手法が組み合わせて用いられるが，リガンド結合自由エネルギーの計算法として近年しばしば利用されるのが，非平衡状態のコンフォメーションもサンプリングに用いるベネット受容比（Bennett Acceptance Ratio；BAR）法[11]と呼ばれる方法であり，超並列計算と効率的に組み合わせることで結合

自由エネルギーの高精度評価を実現している[12, 13].

5.3 リガンド相互作用解析とクラスタリング

　前節では主に古典力学的手法に基づくリガンド分子(薬剤候補化合物)スクリーニングのアプローチについて述べたが，一方，第2章で示したような量子力学的手法(特にフラグメント分子軌道(FMO)法)に基づいたリガンドスクリーニングにおいても近年様々なアプローチが展開されている．一般に量子力学的手法で得られる分子間相互作用の記述は古典力場によるものより正確であるが，多大な計算コストを要するため，タンパク質の様々なコンフォメーション変化・構造ゆらぎを取り入れた動的なシミュレーションの実行は困難である．したがって多くの場合，Protein Data Bank(PDB)にすでに登録された立体構造などを基にスナップショット的な計算を実行してリガンド結合親和性を評価することが行われる．また，タンパク質–リガンド分子周辺の水分子による溶媒効果も近似的に考慮されることが多い．しかしながら，エネルギー的に最安定と考えられる構造に対する一点計算により詳細な相互作用解析を行うことで，古典MDシミュレーションと相補的な様々な知見を得ることができる．

　図5.5は，キナーゼCDK2に対する種々のリガンド分子の結合エネルギーをFMO-MP2/6-31G*法で計算した結果を実験値(pIC_{50})ならびに様々なドッキングソフトによる結果と比較したものである[14]．通常，PDB構造には水素原子の位置が記述されていないため，何らかの分子モデリングソフトで水素原子を補完したうえで，その配置をエネルギー的に極小化(構造最適化)する．また，タンパク質とリガンド分子の結合構造が得られていない場合には，ドッキング計算を行った後で，少なくとも結合ポケット周辺のエネルギーによる構造最適化計算が行われる．図5.5に示された結果によると，仮に溶媒を考慮しない真空中での計算を行ったとしても，FMO法による結果(a)は各種リガンドドッキングスコアに基づく結果(b–f)と比べて，実験との一致(相関関係)は良好あるいは同程度である．さらに，溶媒やエントロピーの結合自由エネルギーへの寄与を半経験的な手法で補正(3.3.1節参照)することで，実験結果との一致がさらに良好となる(g, h)ことが見てとれる．

　次に，2.3節で紹介したFMO-IFIEを用いたリガンド分子とレセプタータ

5.3 リガンド相互作用解析とクラスタリング

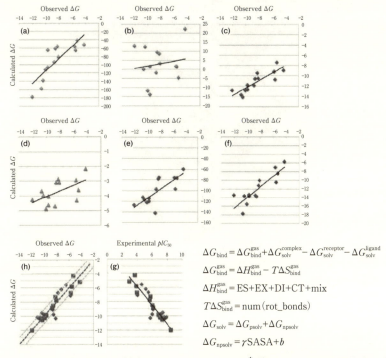

$\Delta G_{\text{bind}} = \Delta G_{\text{bind}}^{\text{gas}} + \Delta G_{\text{solv}}^{\text{complex}} - \Delta G_{\text{solv}}^{\text{receptor}} - \Delta G_{\text{solv}}^{\text{ligand}}$

$\Delta G_{\text{bind}}^{\text{gas}} = \Delta H_{\text{bind}}^{\text{gas}} - T\Delta S_{\text{bind}}^{\text{gas}}$

$\Delta H_{\text{bind}}^{\text{gas}} = \text{ES} + \text{EX} + \text{DI} + \text{CT} + \text{mix}$

$T\Delta S_{\text{bind}}^{\text{gas}} = \text{num}(\text{rot\_bonds})$

$\Delta G_{\text{solv}} = \Delta G_{\text{psolv}} + \Delta G_{\text{npsolv}}$

$\Delta G_{\text{npsolv}} = \gamma \text{SASA} + b$

図 5.5 キナーゼ CDK2 に対する FMO-MP2/6-31G* 法によるリガンド結合エネルギーと実験値(pIC_{50}),各種ドッキングスコアの比較[14].(a)真空中の FMO 計算の結果.(b)-(f)各種ドッキングスコアを用いた結果.(g)-(h)図の右に示した,結合自由エネルギー ΔG_{bind} に対するエントロピーや溶媒効果に関するいくつかの補正を施した FMO 計算値と,実験から得られた pIC_{50} ならびに ΔG の値との比較.ΔS,ΔH,ΔG_{solv},SASA はそれぞれ結合エントロピー,結合エンタルピー,結合自由エネルギーの溶媒和補正,溶媒接触可能表面積を表す(ΔG_{psolv},ΔG_{npsolv} はそれぞれ分極,非分極成分).また,ES,EX,CT,DI はそれぞれ静電,交換反発,電荷移動,分散力成分を表す.気相におけるエントロピーは,num(rot_bonds)(回転可能なボンド数)によって近似的に見積もる.

ンパク質の詳細な相互作用解析について述べよう.例として,**図 5.6** に示したエストロゲン(女性ホルモン)受容体 α(ERα)と 17β エストラジオールの複合体構造(PDB code:1ERE)を用いる.(以下では,特に断らない限り,フラグメント・ダイマーまでを考慮する FMO2 法をベースにして話を進める.)通常,

108　第5章　応用例I：構造ベース創薬

図 5.6　エストロゲン受容体 α(ERα) と 17β エストラジオール（中央下の球で表示）の複合体構造(PDB code : 1ERE)（福澤薫氏提供）．

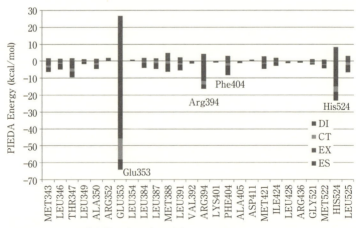

図 5.7　エストロゲン受容体 α(ERα) に結合した 17β エストラジオールと周辺のアミノ酸の間の IFIE 値と PIEDA[16] によるエネルギー成分分解．ES, EX, CT, DI はそれぞれ静電，交換反発，電荷移動，分散力成分を表す（図中の色は文献[15]原図参照）．

5.3 リガンド相互作用解析とクラスタリング

1フラグメントは1アミノ酸あるいはリガンド分子に対応するので，例えば一つのレセプター・リガンド分子複合系に対してFMO計算を行うと，リガンド分子に対する相互作用エネルギーとして各アミノ酸の寄与を図示することができる(図5.7)[15]．ここで，フラグメント間相互作用エネルギー IFIE の正負はそれぞれ斥力あるいは引力を表す．このように，分子複合系の一つのスナップショットに対してFMO計算を行った結果からリガンドとアミノ酸の間の個々のIFIEを求めるのがスタンダードな手法であるが，さらに，静電相互作用や分散力，交換斥力などの寄与に分割して考察するアプローチも開発されており，相互作用の内訳の詳細な腑分けには，PIEDA (Pair Interaction Energy Decomposition Analysis)[16] などの解析手法が援用される．図5.7においてもその相互作用分割が示されており，リガンド分子とタンパク質のアミノ酸の間でどのような相互作用が働いているかを詳しく分析することができる．また，リガンド分子を取り巻くアミノ酸からの相互作用を足し合わせた IFIE 和を求めることで，リガンド・レセプター間の結合エネルギーを近似的に評価することもできる．これをいくつかのリガンド分子に対して計算し，実験的に測定される IC_{50} などの結合活性値と比較して，その相関関係を調べることなどが行われている[17,18]．なお，FMO-IFIE の値は結合自由エネルギーのエンタルピー部分を表現するが，これが自由エネルギーを反映した実験値とよい相関を示す背景には，暗にエンタルピー・エントロピー補償[19]のような機構が働いていると推測される．さらに，こういったFMO-IFIEデータの使い方はさらに拡張して様々に展開することができ，例えば，一つのターゲットタンパク質を固定して，それに結合する多数のリガンド分子に対してIFIEを求め，縦方向の行にリガンドの種類，横方向の列に各アミノ酸残基をとって行列データとすることができる．また，横方向の列には，アミノ酸とのIFIE以外の様々なリガンド分子情報を追加することもでき，さらに，一つのターゲットタンパク質に限定せず，複数のレセプターに対する同じリガンド分子のデータを横方向に並列して並べることもできる．このようにして得られる比較的大規模な拡張データから，いかにしてドラッグデザインに有用な情報を引き出すかが次の課題となる．

行としてリガンドの種類，列としてリガンドと相互作用するアミノ酸残基をとったIFIE行列データが得られたときの有用な分析手法の一つにVISCANA

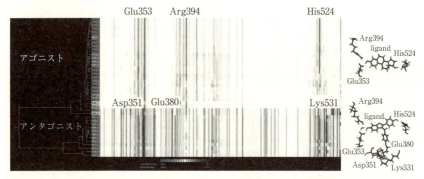

図 5.8 ERα と様々なリガンド化合物(縦軸)の間の VISCANA[20, 21]解析例．横軸はアミノ酸残基の種類，赤色と青色はそれぞれ引力・斥力相互作用を表す(図中の色は文献[15]原図参照)．

(Visualized Cluster Analysis of Protein-Ligand Interaction) と呼ばれる方法がある[20, 21]．これはいわば各リガンドに対するアミノ酸からの相互作用のパターンを IFIE 値の差を距離と見なして階層的なクラスタリングを行うもので，これにより，レセプタータンパク質から見たリガンドの類似度の評価や複数の複合体構造に共通した重要な相互作用の抽出などを行うことができる．具体的な適用例として，上記のエストロゲン受容体 α(ERα)と多数のリガンド分子の間の相互作用パターンを分析することで，リガンドにおけるアゴニスト(活性促進分子)とアンタゴニスト(活性抑制分子)の特徴づけや，それぞれのリガンドの結合親和性を決定しているアミノ酸との相互作用の特定などを行うことができる(図5.8)[15]．さらに，エネルギー分割法 PIEDA によって，静電相互作用，水素結合，電荷移動，分散力・疎水性相互作用等に分けた解析も可能である．また，VISCANA の発展形として，ターゲットタンパク質の種類を複数(N 個)に拡張して，M 個のリガンドに対する相互作用パターンを抽出すると，ターゲット選択性の解析をすることもできる．

上で述べた VISCANA 以外にも FMO 計算で得られた IFIE データを活用して創薬に生かす統計・情報科学的な手法がいくつか提案されている．例えば，IFIE 行列に MDL MACCS キー[22]で表現されるリガンドの分子情報を列方向に追加して拡張することで，ヴァーチャルリガンドスクリーニングの精度や効

5.3 リガンド相互作用解析とクラスタリング

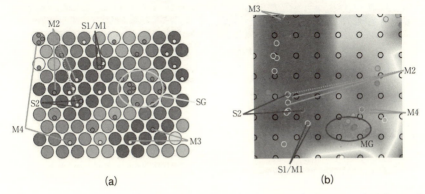

図 5.9 ERα に結合した様々なリガンド分子の (a) SOM, (b) MDS によるクラスタリング[23]. 黄色 (主に左) と水色 (M4 の一つ) の小さな丸はそれぞれアゴニスト, アンタゴニストとして知られているリガンド分子を表し, 緑色 (主に右中下) の小さな丸はそのどちらとも特定されていない化合物である. S1, M1 などは分類されたクラスターを表し, また, 背景の赤色 (中央) と青色 (右下) はそれぞれ ERα-リガンド間の引力・斥力相互作用を表す (図中の色は文献[23]原図参照).

率の向上を目指す試みがある[23]. さらに, このアプローチでは, VISCANA で用いられたシンプルな階層的クラスタリングに加え, 教師なし機械学習的アプローチとして, より高次元の自己組織化マップ (Self-Organizing Map; SOM) 法[24]や, 多次元尺度 (Multi-Dimensional Scaling; MDS) 法[25]の有効性も検討されている. ERα と 38 種類のリガンド分子の複合体に対する FMO 計算の結果を用いて解析したところ (**図 5.9**), アゴニストとアンタゴニストの分類や重要な相互作用パターンの抽出に関して, SOM や MDS に基づくクラスタリング解析は VISCANA と同程度か, あるいは場合によっては VISCANA で得られなかった新たな知見を与え得ることがわかった. この手法によると, IFIE パターンに内在する情報を SOM や MDS の空間で観ることにより, 新たなアンタゴニストの候補やその結合親和性を高める指針を得ることができる. また, MDL MACCS キー等の情報の追加により, スクリーニングにおける擬陽性 (false-positive) や擬陰性 (false-negative) を削減しうる可能性も示唆された. さらに, IFIE 行列を特異値分解[26,27]することで, リガンド分子とアミノ酸の間の相互作用の本質的な相関構造を抽出する試みなども提案されてい

112   第5章　応用例Ⅰ：構造ベース創薬

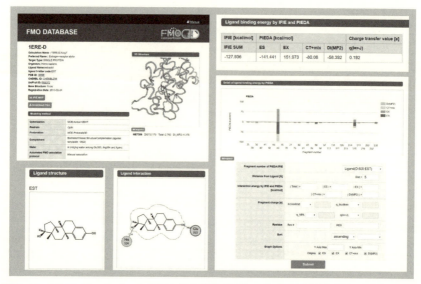

図 5.10　FMO データベース（2018 年末公開予定）の表示例（本間光貴氏，渡邉千鶴氏提供）．

る[28]．

　上で述べた例にとどまらず，タンパク質-リガンド複合体の FMO 計算結果は，全系の電子状態，分子軌道[29,30]，電荷分布，フラグメント間の相互作用エネルギーなど，非常に多くの情報を保持している．これらの情報を最大限に活用するためには，多数の計算結果をデータベース化し，自由に活用できるようにすることが望ましい．すでに，このようにして蓄積しつつある FMO 計算結果，特に IFIE の結果をデータベース化する試みが開始されており，この FMO データベース（図 5.10）を基に，将来的には，官能基間の相互作用から構築するフラグメントベースのドラッグデザインなどが可能となるであろう．さらに，現時点では，タンパク質-リガンド複合体の FMO 法に基づく第一原理 MD 計算を比較的長時間実行することは計算コスト的に困難で，系のコンフォメーション変化の取り入れは主に古典 MD 計算で得られるトラジェクトリーを使って行われているが，近年ではスーパーコンピュータを活用することで数十，数百といったスナップショット構造に対して FMO 計算を実行するこ

とも可能となっており，こうして得られる動的な電子状態・相互作用データはドラッグデザインにとって情報の宝庫であると考えられる．IFIE データに関し，例えば 2.3.2 節で述べた FMO4 法[31]などを用いてアミノ酸残基やリガンド分子内のさらに細かいフラグメント分割を行えば，FMO 計算のアウトプットには従来得られることのなかった（動的情報も含む）豊かな分子情報が含まれていることになる．これらの大規模データを，機械学習（ML）や人工知能（AI）の最新の技術を使って解析・利用することは，次世代のインシリコ創薬の興味深い課題であろう．

5.4 今後の課題

　本章では，古典力学的なアプローチと量子力学的なアプローチを対比させながら，主に標的タンパク質と薬剤候補（リガンド）分子の間の結合親和性（分子認識）の面にフォーカスして解析手法を紹介してきた．二つのアプローチは相補的であり，前者が水溶液中でタンパク質とリガンド分子の構造ゆらぎダイナミクスを考慮した結合自由エネルギー評価を目指すのに対して，後者はエネルギー的に安定な結合構造の周辺で主として結合エンタルピーの詳細分解解析を指向する．現時点での計算機とシミュレーション技術の限界から，両者を統合した「第一原理結合自由エネルギー解析」が実現するまでにはもうしばらくの年月が必要である．

　古典力学に基づく MD シミュレーション手法における大きな問題の一つは，用いられる力場の精度に関する点である．3.2 節でも論じたように，リガンドドッキングシミュレーションにおいて現在用いられている古典力場は二面角項やファン・デル・ワールス項，静電項の精度に関して，ドラッグデザインで要求される定量的精度（例えば，結合自由エネルギー差 $\Delta\Delta G$ にして 0.5 kcal/mol 程度）を十分に保証できるものであるかどうか，さらに検討の必要がある．分子間に働く分散力や電荷移動，分極などの効果を正確にモデリングするためには高精度の量子化学計算が必要であり，また，その振舞いは生体分子複合系が置かれた環境や構造変化に応じて変化するものである．FMO 計算の結果などと対比させながら，それらを「力場」としてどのように考慮・記述していくか，しばらくは模索が続くものと思われる．また，リガンド結合自由エネルギーを

古典 MD 法で評価する際のもう一つの重要な問題はサンプリングの充足性に関する点[10]であり，これについては，5.2 節等でも触れたように，（専用計算機[32]を含めた）計算機能力の向上やサンプリング効率を上げる理論的手法の開発といったいわば正攻法に加えて，様々なドッキングポーズの可能性を予めクラスタリングした上で MD シミュレーションを行うなどの工夫も必要であろう．

一方，FMO 法などの量子力学的手法に基づく場合，タンパク質分子系の構造ダイナミクスに関する点にはある程度目をつぶって，PDB などに登録されている構造から出発してエネルギー的に最安定な構造の近傍で相互作用エネルギー（エンタルピー）解析を行うことになる．無論，古典 MD 等で得られたトラジェクトリーから多数のスナップショット計算を行い，IFIE 値の時間変化を追跡することも可能だが，その統計平均やゆらぎをどのように解析・議論するかには検討の余地がある．また，リガンド結合自由エネルギーにあたる量を評価するためには，多くの場合，溶媒やエントロピーの効果は半経験的に補正されることになる[33]が，それでも，電子状態に基づく豊富な情報が計算結果には含まれている（5.3 節）．特に，分子間相互作用を系を構成する各残基，分子，官能基，あるいは各エネルギー成分毎に分割して表現できる点は大きな利点であり，薬剤設計応用への大きなポテンシャルを秘めている．これらを，上で述べた「古典力場の改良」以外にもどのように活用していくかは今後の重要な研究開発課題である．

最後に，ここまではインシリコ創薬の対象として暗に小分子化合物を想定して議論を進めてきたが，近年，薬剤としては抗体や核酸などのかなり大きな分子の利用が進められている．これらを計算機シミュレーションで扱うには，タンパク質-タンパク質あるいは核酸-タンパク質，核酸-核酸といった巨大分子複合系に対する解析が必要であり，結合モードや結合自由エネルギーの計算には，より大きな計算機資源が必要であるのみならず，新たな効率的シミュレーション手法の開拓も必要となろう．

第5章 参考文献

[1] K. M. Merz, Jr., D. Ringe, C. H. Reynolds 編，田之倉優，小島正樹監訳，「ドラッグデザイン-構造とリガンドに基づくアプローチ」，東京化学同人(2014).
[2] D. A. Pearlman, P. S. Charifson, J. Med. Chem. **44**(2001)3417.
[3] R. Zhou, P. Das, A. K. Royyuru, J. Phys. Chem. B **112**(2008)15813.
[4] 神谷成敏，肥後順一，福西快文，中村春木，「タンパク質計算科学-基礎と創薬への応用」，共立出版(2009).
[5] RCSB Protein Data Bank (https://www.rcsb.org/)
[6] R. Wang, Y. Lu, S. Wang, J. Med. Chem. **46**(2003)2287.
[7] D. Plewczynski, M. Lazniewski, R. Augustyniak, K. Ginalski, J. Comput. Chem. **32**(2011)742.
[8] S. Uehara, S. Tanaka, Molecules **21**(2016)1604.
[9] S. Uehara, S. Tanaka, J. Chem. Inf. Model. **57**(2017)742.
[10] D. L. Mobley, P. V. Klimovich, J. Chem. Phys. **137**(2012)230901.
[11] M. R. Shirts, E. Bair, G. Hooker, V. S. Pande, Phys. Rev. Lett. **91**(2003)140601.
[12] H. Fujitani, Y. Tanida, A. Matsuura, Phys. Rev. E **79**(2009)021914.
[13] M. Araki, N. Kamiya, M. Sato, M. Nakatsui, T. Hirokawa, Y. Okuno, J. Chem. Inf. Model. **56**(2016)2445.
[14] M. P. Mazanetz, O. Ichihara, R. J. Law, M. Whittaker, J. Cheminf. **3**(2011)2.
[15] 田中成典，福澤薫，本間光貴，CICSJ Bull. **35**, No. 3(2017)205.
[16] D. G. Fedorov, K. Kitaura, J. Comput. Chem. **28**(2007)222.
[17] K. Fukuzawa, K. Kitaura, M. Uebayasi, K. Nakata, T. Kaminuma, T. Nakano, J. Comput. Chem. **26**(2005)1.
[18] K. Fukuzawa, Y. Mochizuki, S. Tanaka, K. Kitaura, T. Nakano, J. Phys. Chem. B **110**(2006)16102.
[19] E. B. Starikov, B. Norden, J. Phys. Chem. B **111**(2007)14431.
[20] S. Amari, M. Aizawa, J. Zhang, K. Fukuzawa, Y. Mochizuki, Y. Iwasawa, K. Nakata, H. Chuman, T. Nakano, J. Chem. Inf. Model. **46**(2006)221.
[21] 甘利真司，望月祐志，加藤昭史，福澤薫，渡邉千鶴，沖山佳生，田中成典，中野達也，CBI学会誌 第**2**巻，第4号(2014)17.
[22] J. L. Durant, J. Chem. Inf. Comput. Sci. **42**(2002)1273.
[23] R. Kurauchi, C. Watanabe, K. Fukuzawa, S. Tanaka, Comput. Theor. Chem. **1061**(2015)12.
[24] T. Kohonen, "Self-Organizing Maps", 3rd ed., Springer, Heidelberg(2000).

[25]　W. S. Torgerson, "Theory and Methods of Scaling", Wiley, New York (1958).

[26]　V. Klema, A. Laud, IEEE Trans. Automat. Contr. **25** (1980) 164.

[27]　M. J. Greenacre, "Theory and Applications of Correspondence Analysis", Academic Press, London (1984).

[28]　K. Maruyama, Y. Sheng, H. Watanabe, K. Fukuzawa, S. Tanaka, Comput. Theor. Chem. **1132** (2018) 23.

[29]　S. Tsuneyuki, T. Kobori, K. Akagi, K. Sodeyama, K. Terakura, H. Fukuyama, Chem. Phys. Lett. **476** (2009) 104.

[30]　T. Kobori, K. Sodeyama, T. Otsuka, Y. Tateyama, S. Tsuneyuki, J. Chem. Phys. **139** (2013) 094113.

[31]　C. Watanabe, K. Fukuzawa, Y. Okiyama, T. Tsukamoto, A. Kato, S. Tanaka, Y. Mochizuki, T. Nakano, J. Mol. Graph. Model. **41** (2013) 31.

[32]　D. E. Shaw, P. Maragakis, K. Lindorff-Larsen, S. Piana, R. O. Dror, M. P. Eastwood, J. A. Bank, J. M. Jumper, J. K. Salmon, Y. Shan, W. Wriggers, Science **330** (2010) 341.

[33]　C. Watanabe, H. Watanabe, K. Fukuzawa, L. Parker, Y. Okiyama, H. Yuki, S. Yokoyama, H. Nakano, S. Tanaka, T. Honma, J. Chem. Inf. Model. **57** (2017) 2996.

第 6 章

応用例 II：光合成系

応用例の二つ目として光合成系を取り上げる．本章では，分子・原子・電子のミクロな立場から出発してマクロな生体機能に至る階層縦断的ボトムアップシミュレーションが実際にどのように行われるかを学ぶことになる．ミクロな分子情報がどのように粗視化されてマクロな機能情報に縮約・変換されるかを具体的に見ることができる．

6.1 光合成シミュレーションの考え方

光合成系[1,2]は本書で目指すような，分子論からのボトムアップ・マルチスケール的な生命系の記述の具体例として最適な対象である．生命系シミュレーションの研究者にとって，光合成系を構成するタンパク質や色素等の分子から出発して，光捕集アンテナや反応中心，ATP 合成酵素，カルビン回路などからなる光合成装置（図 6.1），さらには，葉緑体，細胞，葉，植物個体，そして植物を含む生態系，地球全体の植生へと連なる階層（図 6.2）をまたぐ統合的シミュレーションの実現は一つの夢であるが，様々な最先端技術を融合・活用して，今やそれが可能となりつつある．

まず，分子レベルでは，図 6.1 で示すような光合成装置を構成する巨大タンパク質の分子構造が X 線結晶構造解析などによって原子分解能で決定されつつある．それに基づき，タンパク質系あるいはその中の活性部位の電子状態計算を実行して，基底状態・励起状態のエネルギーレベルや分子間相互作用などを第一原理的かつ正確に評価することができる．また，巨大タンパク質複合体の構造ゆらぎダイナミクスも古典 MD 法に基づきシミュレートすることができ，それらの分子情報から，捕獲された光励起エネルギーがエキシトン（励起子）あるいは電荷としてどのように伝達されていくかを動的に記述できる（6.2 節参照）．そして，その際，近年実験的に観測されて注目を集めている量子コヒーレンスやエンタングルメント[3]の実体や意味を理論的に議論することも

第6章 応用例 II：光合成系

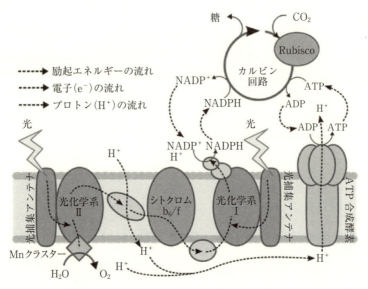

図6.1 チラコイド膜上の光合成装置．励起エネルギー，電子，プロトンの流れを矢印で示してある（沖山佳生氏提供）．

なされている．さらに，電子の流れと共役したチラコイド膜内外のプロトン勾配により，ATP合成酵素においてATP（アデノシン三リン酸）がどのように作られるか，そうして作られたATPやNADPH（ニコチンアミドアデニンジヌクレオチドリン酸）がカルビン回路でどのように用いられて二酸化炭素固定がなされるか，といった分子シミュレーションも可能となってきている．また，光化学系 II（Photosystem II；PS II）に付随したマンガンクラスターにおいて水分子がどのように光分解されて酸素とプロトン，電子が生成されるかの第一原理シミュレーションにも注目が集まっている．

このようにして，太陽光がトリガーとなった一連の光誘起反応のそれぞれの素過程の機序や速度定数が明らかになると，それらを統合して，光合成装置全体の機能をダイナミカルに再現するシステム的なシミュレーションも可能となる（6.3節参照）．得られた計算結果は適当な時間スケールにおいて様々な分光実験などの結果と比較され，モデルの妥当性が議論されることになるが，これはまさに，分子・電子レベルから構築する**量子システム生物学**の典型例と言え

6.1 光合成シミュレーションの考え方　119

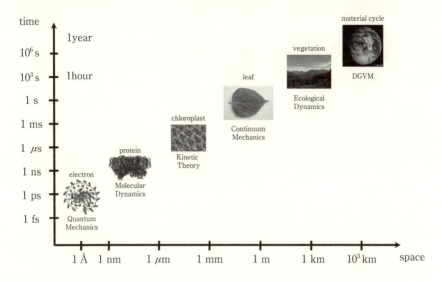

図 6.2 光合成タンパク質，葉緑体，葉，生態系，地球へと至る階層構造．横軸に空間スケール，縦軸に時間スケールが，それぞれ対数目盛で示されている．DGVMは，Dynamical Global Vegetation Model（動的全球植生モデル）の略である（松岡毅氏提供）．

よう．

　光合成シミュレーションに関して上で述べたシナリオにおいて重要なポイントは，系全体の階層性を記述するうえでのマルチスケール的な考え方，あるいは粗視化的な取り扱いである．その基本原理については第 4 章でも論じたが，光合成シミュレーションにおいては，巨大タンパク質複合体を扱ううえでの空間的粗視化・接続の問題に加えて，扱う時間スケールがフェムト（10^{-15}）秒から 1 秒以上の広範囲にわたる時間的階層性の困難がある．これらは単純な brute force 的なアプローチではスーパーコンピュータを用いても対処が難しく，この点（特に後者）を克服する理論的アプローチに関しては，6.3 節において少し詳しく述べる．

6.2 励起エネルギー移動と電子移動
6.2.1 一般化されたマスター方程式

本節では,光合成系における励起エネルギー移動や電子移動反応を扱うための理論的枠組[4]について述べよう.ここでは,電子系とそれを取り巻く環境(リザボア)系からなる全体系に対するハミルトニアン:

$$\hat{H} = \hat{H}_0 + \hat{V} \tag{6.1}$$

から出発する.ここで右辺第1項は電子系の状態に関する対角部分:

$$\hat{H}_0 = \sum_a H_a |a\rangle\langle a| = \sum_a [E_a + H_R + V_{aa}(Z)]|a\rangle\langle a| \tag{6.2}$$

であり,H_a が表す振電(電子と分子振動の自由度を合わせた)ハミルトニアンのうち,$H_S = \sum_a E_a|a\rangle\langle a|$ 部分は固有状態 $|a\rangle$ に対する電子系のエネルギー E_a を持つ部分,H_R はリザボア(「フォノン = 分子振動」と見なす)ハミルトニアンを表す.また,$H_{S\text{-}R}$ によって電子系とリザボアの相互作用を表すこととし,これから

$$V_{ab}(Z) = \langle a|H_{S\text{-}R}|b\rangle \tag{6.3}$$

を定義する(Z はフォノンの座標を意味する).その(電子固有状態に対する)対角成分は H_a に含まれ,

$$\hat{V} = \sum_{a,b}(1 - \delta_{ab})V_{ab}(Z)|a\rangle\langle b| \tag{6.4}$$

は電子-環境系ハミルトニアンの非対角成分を表す.以下の議論では,この非対角成分は対角成分に比べて小さいとする.また,リザボアを形成するフォノンは調和振動子型を仮定する.

以下では,励起エネルギー移動ダイナミクスを2状態遷移として記述するが,理論の本質的な展開は電子移動反応でも同様である.まず,(6.1)式で与えられた電子系-リザボアのハミルトニアンに対する統計演算子(密度演算子)$\hat{W}(t)$ を考える.温度 T における熱平衡状態に対しては,この統計演算子はカノニカル密度演算子:

$$\hat{W}_{\text{eq}} = \sum_a \hat{W}_a = \sum_a \hat{R}_a \hat{\Pi}_a \tag{6.5}$$

となる.ここで,

$$\hat{R}_a = \frac{\exp(-H_a/k_B T)}{\text{tr}_R\{\exp(-H_a/k_B T)\}} \tag{6.6}$$

および

$$\hat{\Pi}_a = |a\rangle\langle a| \tag{6.7}$$

は各固有状態に対して与えられ,k_B はボルツマン定数,tr_R はリザボア(フォノン)座標上のトレースを表す.そして,電子系の状態の対角成分への射影演算子 $\widetilde{\mathcal{P}}$ を導入し,任意の演算子 $\hat{O}$ に対し,

$$\widetilde{\mathcal{P}}\hat{O} = \sum_a \hat{R}_a \text{tr}_R\{\langle a|\hat{O}|a\rangle\}\hat{\Pi}_a \tag{6.8}$$

とする.このとき,

$$\widetilde{\mathcal{P}}\hat{W}(t) = \sum_a P_a(t)\hat{W}_a, \tag{6.9}$$

であり,$P_a(t)$ は電子系の状態 $|a\rangle$ の時刻 t における占有密度を表す.

統計演算子 $\hat{W}(t)$ はリウヴィル-フォンノイマン方程式:

$$\frac{\partial}{\partial t}\hat{W}(t) = \frac{1}{i\hbar}[\hat{H}, \hat{W}(t)] \tag{6.10}$$

([,] は交換子)に従う.ただし,$t=0$ における初期条件として,

$$\widetilde{\mathcal{Q}}\hat{W}(0) = (1-\widetilde{\mathcal{P}})\hat{W}(0) = 0 \tag{6.11}$$

(すなわち,非対角成分はない)を仮定する.このとき,射影演算子法[4]を用いることで,$P_a(t)$ が従う**一般化されたマスター方程式**(Generalized Master Equation;GME):

$$\frac{\partial}{\partial t}P_a(t) = \sum_b \int_0^t d\tau K_{ab}(\tau) P_b(t-\tau) \tag{6.12}$$

を導くことができる.ここで,$K_{ab}(\tau)$ およびそのフーリエ変換

$$K_{ab}(\omega) = \int_{-\infty}^{\infty} d\tau e^{i\omega\tau} K_{ab}(\tau) \tag{6.13}$$

はメモリーカーネル(記憶核)と呼ばれ,$P_a(t)$ の時間発展ダイナミクスを決める.

今,系内に励起された励起子(エキシトン)がドナーサイトからアクセプターサイトに移動する反応過程を考え,反応前後の状態を上の固有状態 $|a\rangle$,$|b\rangle$

と見なし，2状態間の結合 $\hat{V}$ は弱いものとして摂動計算を行うと，最低次（$\hat{V}$ の 2 次）までの近似で，メモリーカーネルをリザボア相関関数 $C_{ab}(t)$ により

$$K_{ab}^{(2)}(\omega) = \int_0^\infty dt\, e^{i\omega t}[C_{ab}(t) + C_{ab}(-t)] \tag{6.14}$$

と表すことができる[4]．そして，$C_{ab}(t)$ ならびにそのフーリエ変換

$$C_{ba}(\omega) = \int_{-\infty}^\infty dt\, e^{i\omega t} C_{ba}(t) \tag{6.15}$$

は，それぞれ，

$$C_{ba}(t) = \frac{1}{\hbar^2} \sum_{\mu,\nu} f_{a\mu} |\langle \Phi_{a\mu}| V_{ab}(Z) |\Phi_{b\nu}\rangle|^2 e^{i(\omega_{a\mu} - \omega_{b\nu})t}, \tag{6.16}$$

$$C_{ba}(\omega) = \frac{2\pi}{\hbar^2} \sum_{\mu,\nu} f_{a\mu} |\langle \Phi_{a\mu}| V_{ab}(Z) |\Phi_{b\nu}\rangle|^2 \delta(\omega + \omega_{a\mu} - \omega_{b\nu}) \tag{6.17}$$

のように表現することができる．ここで，$\Phi_{a\mu}$ は振動状態 μ を持つハミルトニアン H_a の固有関数であり，$\hbar\omega_{a\mu}$ はその固有エネルギー，

$$f_{a\mu} = \frac{\exp(-\hbar\omega_{a\mu}/k_{\rm B}T)}{Z_a} \tag{6.18}$$

は状態和 Z_a で規格化された平衡分布を示す．以下では，これらの表式を基に議論を進める．

6.2.2 励起エネルギー移動

まず，始状態 i = a から終状態 f = b への 2 状態遷移を考えることで二つの分子（あるいはフラグメント）A, B 間の励起エネルギー移動を考えよう．初期状態において分子 A は電子励起状態（e）にあり，分子 B は電子基底状態（g）にあるとする．一方，終状態においては分子 A は電子基底状態，分子 B は電子励起状態にあるとする．このとき，始状態と終状態の分子の振電波動関数は電子部分 Ψ と振動部分 χ の積として

$$\Phi_{\rm i} = \Psi_{\rm Ae} \chi_{\rm Ae v}(\boldsymbol{R}_{\rm A}) \Psi_{\rm Bg} \chi_{\rm Bg u}(\boldsymbol{R}_{\rm B}), \tag{6.19}$$

$$\Phi_{\rm f} = \Psi_{\rm Ag} \chi_{\rm Ag u'}(\boldsymbol{R}_{\rm A}) \Psi_{\rm Be} \chi_{\rm Be v'}(\boldsymbol{R}_{\rm B}) \tag{6.20}$$

のように表される．ここで，$\boldsymbol{R}_{\rm A}, \boldsymbol{R}_{\rm B}$ は分子 A, B の核座標を表し，$u(u')$, $v(v')$ はそれぞれ電子の基底状態と励起状態における分子振動状態の指標とする．

6.2 励起エネルギー移動と電子移動

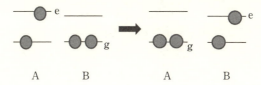

図 6.3 励起エネルギーが分子(サイト)Aから分子(サイト)Bへ移動する様子．関与する4電子を塗りつぶした丸で表し，g, e はそれぞれ電子基底状態と電子励起状態の分子軌道を表す．

以下，励起エネルギー移動としては一重項型と三重項型を想定し，簡単のために図 6.3 に示すような 4 電子が関与するモデルを考えよう[5]．第二量子化表現を用いると，分子 A, B の電子基底状態の波動関数は，

$$\Psi_{\text{Ag}} = a^\dagger_{\text{Ag}\alpha} a^\dagger_{\text{Ag}\beta} |0\rangle, \tag{6.21}$$

$$\Psi_{\text{Bg}} = a^\dagger_{\text{Bg}\alpha} a^\dagger_{\text{Bg}\beta} |0\rangle \tag{6.22}$$

のように表される．ここで，α, β はそれぞれ上向きスピンと下向きスピンの状態を表し，$a^\dagger$ は各分子軌道における電子生成演算子，$|0\rangle$ は真空状態を表す．トータルスピンが $S=0$ の一重項励起移動では，分子 A, B の電子励起状態はそれぞれ

$$\Psi_{\text{Ae}} = \frac{1}{\sqrt{2}} (a^\dagger_{\text{Ag}\alpha} a^\dagger_{\text{Ae}\beta} - a^\dagger_{\text{Ag}\beta} a^\dagger_{\text{Ae}\alpha}) |0\rangle, \tag{6.23}$$

$$\Psi_{\text{Be}} = \frac{1}{\sqrt{2}} (a^\dagger_{\text{Bg}\alpha} a^\dagger_{\text{Be}\beta} - a^\dagger_{\text{Bg}\beta} a^\dagger_{\text{Be}\alpha}) |0\rangle \tag{6.24}$$

と表される．ただし，電子生成演算子に対する添字 g, e はそれぞれ分子の HOMO (Highest Occupied Molecular Orbital；最高占有軌道), LUMO (Lowest Unoccupied Molecular Orbital；最低非占有軌道) を表すものとする．一方，トータルスピンが $S=1$ の三重項励起移動に対しては，電子励起状態は，スピンの z 成分が $S_z=0$ の場合は

$$\Psi_{\text{Ae}} = \frac{1}{\sqrt{2}} (a^\dagger_{\text{Ag}\alpha} a^\dagger_{\text{Ae}\beta} + a^\dagger_{\text{Ag}\beta} a^\dagger_{\text{Ae}\alpha}) |0\rangle, \tag{6.25}$$

$$\Psi_{\text{Be}} = \frac{1}{\sqrt{2}} (a^\dagger_{\text{Bg}\alpha} a^\dagger_{\text{Be}\beta} + a^\dagger_{\text{Bg}\beta} a^\dagger_{\text{Be}\alpha}) |0\rangle, \tag{6.26}$$

スピンの z 成分が $S_z=1$ の場合は

$$\Psi_{\mathrm{Ae}} = a^\dagger_{\mathrm{Ag}\alpha} a^\dagger_{\mathrm{Ae}\alpha} |0\rangle, \tag{6.27}$$

$$\Psi_{\mathrm{Be}} = a^\dagger_{\mathrm{Bg}\alpha} a^\dagger_{\mathrm{Be}\alpha} |0\rangle, \tag{6.28}$$

スピンの z 成分が $S_z = -1$ の場合は

$$\Psi_{\mathrm{Ae}} = a^\dagger_{\mathrm{Ag}\beta} a^\dagger_{\mathrm{Ae}\beta} |0\rangle, \tag{6.29}$$

$$\Psi_{\mathrm{Be}} = a^\dagger_{\mathrm{Bg}\beta} a^\dagger_{\mathrm{Be}\beta} |0\rangle, \tag{6.30}$$

となる.

励起エネルギー移動を引き起こす電子間相互作用としてクーロン相互作用を考え，第二量子化表示で

$$V_{\mathrm{int}} = \frac{1}{2} \iint d\boldsymbol{r} d\boldsymbol{r}' \sum_{\sigma,\sigma'} \Psi^\dagger_\sigma(\boldsymbol{r}) \Psi^\dagger_{\sigma'}(\boldsymbol{r}') v(\boldsymbol{r},\boldsymbol{r}') \Psi_{\sigma'}(\boldsymbol{r}') \Psi_\sigma(\boldsymbol{r}) \tag{6.31}$$

と表す．ここで，$\sigma, \sigma' = \alpha, \beta$ はスピン自由度,

$$v(\boldsymbol{r},\boldsymbol{r}') = \frac{e^2}{|\boldsymbol{r}-\boldsymbol{r}'|} \tag{6.32}$$

は座標 $\boldsymbol{r}, \boldsymbol{r}'$ を持つ 2 電子間の静電ポテンシャルエネルギーである．このとき，電子の波動関数演算子を 4 電子モデルで

$$\Psi_\sigma(\boldsymbol{r}) = \phi_{\mathrm{Ag}}(\boldsymbol{r}) a_{\mathrm{Ag}\sigma} + \phi_{\mathrm{Ae}}(\boldsymbol{r}) a_{\mathrm{Ae}\sigma} + \phi_{\mathrm{Bg}}(\boldsymbol{r}) a_{\mathrm{Bg}\sigma} + \phi_{\mathrm{Be}}(\boldsymbol{r}) a_{\mathrm{Be}\sigma} \tag{6.33}$$

と表す．ただし，ϕ, a は分子軌道とそれに付随した電子消滅演算子である.

このようにして，(6.16)式で与えられるリザボア相関関数 $C_{\mathrm{fi}}(t)$ における電子部分に対して，一重項励起移動の場合，

$$\langle \Psi_{\mathrm{Ae}}\Psi_{\mathrm{Bg}} | V_{\mathrm{int}} | \Psi_{\mathrm{Ag}}\Psi_{\mathrm{Be}} \rangle = 2V^{(c)}(\boldsymbol{R}_\mathrm{A}, \boldsymbol{R}_\mathrm{B}) - V^{(\mathrm{ex})}(\boldsymbol{R}_\mathrm{A}, \boldsymbol{R}_\mathrm{B}), \tag{6.34}$$

三重項励起移動 $(S_z = 0, \pm 1)$ の場合，

$$\langle \Psi_{\mathrm{Ae}}\Psi_{\mathrm{Bg}} | V_{\mathrm{int}} | \Psi_{\mathrm{Ag}}\Psi_{\mathrm{Be}} \rangle = -V^{(\mathrm{ex})}(\boldsymbol{R}_\mathrm{A}, \boldsymbol{R}_\mathrm{B}) \tag{6.35}$$

が得られる．ここで，$r_\mathrm{A}, r_\mathrm{B}$ を分子 A, B の電子座標として，クーロン積分：

$$\begin{aligned}V^{(c)}(\boldsymbol{R}_\mathrm{A}, \boldsymbol{R}_\mathrm{B}) &= \langle \phi_{\mathrm{Ae}}(\boldsymbol{r}_\mathrm{A}, \boldsymbol{R}_\mathrm{A}) \phi_{\mathrm{Bg}}(\boldsymbol{r}_\mathrm{B}, \boldsymbol{R}_\mathrm{B}) | v(\boldsymbol{r}_\mathrm{A}, \boldsymbol{r}_\mathrm{B}) \\ &\quad | \phi_{\mathrm{Ag}}(\boldsymbol{r}_\mathrm{A}, \boldsymbol{R}_\mathrm{A}) \phi_{\mathrm{Be}}(\boldsymbol{r}_\mathrm{B}, \boldsymbol{R}_\mathrm{B}) \rangle_{r_\mathrm{A}, r_\mathrm{B}} \\ &= \iint d\boldsymbol{r} d\boldsymbol{r}' \phi^*_{\mathrm{Ae}}(\boldsymbol{r}) \phi_{\mathrm{Ag}}(\boldsymbol{r}) v(\boldsymbol{r}, \boldsymbol{r}') \phi^*_{\mathrm{Bg}}(\boldsymbol{r}') \phi_{\mathrm{Be}}(\boldsymbol{r}') \end{aligned} \tag{6.36}$$

ならびに交換積分：

$$\begin{aligned}V^{(\mathrm{ex})}(\boldsymbol{R}_\mathrm{A}, \boldsymbol{R}_\mathrm{B}) &= \langle \phi_{\mathrm{Ae}}(\boldsymbol{r}_\mathrm{A}, \boldsymbol{R}_\mathrm{A}) \phi_{\mathrm{Bg}}(\boldsymbol{r}_\mathrm{B}, \boldsymbol{R}_\mathrm{B}) | v(\boldsymbol{r}_\mathrm{A}, \boldsymbol{r}_\mathrm{B}) \\ &\quad | \phi_{\mathrm{Ag}}(\boldsymbol{r}_\mathrm{B}, \boldsymbol{R}_\mathrm{A}) \phi_{\mathrm{Be}}(\boldsymbol{r}_\mathrm{A}, \boldsymbol{R}_\mathrm{B}) \rangle_{r_\mathrm{A}, r_\mathrm{B}} \end{aligned}$$

$$= \iint d\boldsymbol{r} d\boldsymbol{r}' \psi_{Ae}^*(\boldsymbol{r}) \psi_{Ag}(\boldsymbol{r}') v(\boldsymbol{r},\boldsymbol{r}') \psi_{Bg}^*(\boldsymbol{r}') \psi_{Be}(\boldsymbol{r}) \quad (6.37)$$

を電子座標上の積分として導入した.

リザボア相関関数(6.16), (6.17)を計算するにあたって, 電子と原子核の運動の自由度の分離が難しい問題となる. ここでは, 「凍結されたガウシアンモデル」[6]を用い, 電子は半古典的な運動を行う原子核上で凍結された波動関数として振舞うものとする. このとき, (6.16)式のリザボア相関関数 $C_{\text{fi}}(t)$ の原子核部分は, 核座標上の平均として,

$$I(t) = \langle \chi_{Aev}(\boldsymbol{R}_A) \chi_{Bgu}(\boldsymbol{R}_B) | e^{iH_it/\hbar} e^{-iH_ft/\hbar} | \chi_{Aev}(\boldsymbol{R}_A) \chi_{Bgu}(\boldsymbol{R}_B) \rangle_{R_A, R_B}$$
$$(6.38)$$

と表される. ただし, $H_i = H_{a\mu} = H_{Aev} + H_{Bgu}$ と $H_f = H_{b\nu} = H_{Agu'} + H_{Bev'}$ はそれぞれ始状態と終状態のハミルトニアンである. この式は, 始状態と終状態の核振動波動関数をそれぞれ χ_i, χ_f, また, H_i, H_f の固有エネルギーを $\hbar\omega_i$, $\hbar\omega_f$ と簡約化して書くとき,

$$\sum_f |\langle \chi_i | \chi_f \rangle|^2 e^{i(\omega_i - \omega_f)t} = \sum_f \langle \chi_i | e^{iH_it/\hbar} | \chi_f \rangle \langle \chi_f | e^{-iH_ft/\hbar} | \chi_i \rangle$$
$$= \langle \chi_i | e^{iH_it/\hbar} e^{-iH_ft/\hbar} | \chi_i \rangle \quad (6.39)$$

であることから導かれる. このとき, リザボア相関関数における原子核の運動に付随した電子の運動の寄与は, (6.34), (6.35)式で表される電子結合定数の時間発展

$$V^{\text{q-c}}(t) = e^{iH_it/\hbar} V^{\text{q-c}}(0) e^{-iH_it/\hbar} \quad (6.40)$$

により表現される[7]. ここで, $V^{\text{q-c}}$ における添字 q-c(quantum-classical)は, 半古典的に運動する原子核に付随した量子力学的な電子自由度の応答を表している. このようにして, リザボア相関関数を

$$C_{\text{fi}}(t) = \frac{1}{\hbar^2} \langle V_{\text{if}}^{\text{q-c}}(t) V_{\text{fi}}^{\text{q-c}}(0) I(t) \rangle_T \quad (6.41)$$

と表すことができる. ここで, $\langle \ \rangle_T$ は熱平均を示す. さらに, この段階で電子と核の運動の間の相関を無視(分離)して,

$$C_{\text{fi}}(t) = \frac{1}{\hbar^2} \Gamma_V(t) \langle I(t) \rangle_T \quad (6.42)$$

と近似すると, (6.34), (6.35)式より, 一重項励起移動の場合,

$$\Gamma_V(t) = 4\langle V^{(c)q\text{-}c}(t) V^{(c)q\text{-}c}(0)\rangle_T - 2\langle V^{(c)q\text{-}c}(t) V^{(ex)q\text{-}c}(0)\rangle_T$$
$$-2\langle V^{(ex)q\text{-}c}(t) V^{(c)q\text{-}c}(0)\rangle_T + \langle V^{(ex)q\text{-}c}(t) V^{(ex)q\text{-}c}(0)\rangle_T, \tag{6.43}$$

三重項励起移動の場合,
$$\Gamma_V(t) = \langle V^{(ex)q\text{-}c}(t) V^{(ex)q\text{-}c}(0)\rangle_T \tag{6.44}$$

となる.クーロン積分は長距離まで残り,交換積分は短距離で減衰することが知られているので,一重項励起移動の場合,長距離でクーロン積分が支配的となり,一方,三重項励起移動の場合,交換積分による短距離の寄与のみがあることになる.

また,(6.42)式で与えられるリザボア相関関数 $C_{\mathrm{fi}}(t)$ への核運動の寄与は,(6.38)式の熱平均をキュムラント展開の方法[4]で計算することにより,

$$\langle I(t)\rangle_T = \exp\left[-\frac{i}{\hbar}t\langle X\rangle_T - \frac{1}{\hbar^2}\int_0^t d\tau \int_0^\tau d\tau' \Xi(\tau')\right] \tag{6.45}$$

と表される.ここで,

$$X = H_{\mathrm{f}} - H_{\mathrm{i}}, \tag{6.46}$$
$$\delta X = X - \langle X\rangle_T, \tag{6.47}$$
$$X(t) = e^{iH_{\mathrm{i}}t/\hbar} X(0) e^{-iH_{\mathrm{i}}t/\hbar}, \tag{6.48}$$
$$\Xi(t) = \langle \delta X(t) \delta X(0)\rangle_T \tag{6.49}$$

を導入した.$\Xi(t)$ ならびにそのフーリエ変換

$$\Xi(\omega) = \int_{-\infty}^{\infty} dt\, e^{i\omega t} \Xi(t) \tag{6.50}$$

はスペクトル密度と以下のように関係付けられる[4]:

$$J(\omega) = \frac{1}{4\hbar}[\Xi(\omega) - \Xi(-\omega)], \tag{6.51}$$

$$\Xi(t) = \frac{2\hbar}{\pi}\int_0^\infty d\omega J(\omega)\left[\coth\left(\frac{\hbar\omega}{2k_\mathrm{B}T}\right)\cos\omega t - i\sin\omega t\right]. \tag{6.52}$$

また,励起移動に付随した再配置エネルギー[7-10]は

$$\lambda = \frac{2}{\pi}\int_0^\infty \frac{d\omega}{\omega} J(\omega) \tag{6.53}$$

と表され,(6.45),(6.47)式で現れる $\langle X\rangle_T$ と

$$\langle X\rangle_T = \Delta G + \lambda \tag{6.54}$$

のように関係付けられる．ここで，ΔG は始状態と終状態の間の(自由)エネルギーギャップである．X は一般化された反応座標と見なすことができる．

このようにして，(6.12)式におけるメモリーカーネル $K_{ab}(t)$ を(6.13)-(6.17)式を通じて $\hat{V}$ の2次までの近似で求めることができる．(6.42)式で与えられるリザボア相関関数を第一原理的に計算するには，$V^{(c)}, V^{(ex)}, J(\omega)$ を第2章，第3章で述べた分子軌道(MO)法や分子動力学(MD)法により評価すればよい．このようにして，電子トンネリングの非弾性効果あるいは非コンドン効果[7]が時間相関関数 $\Gamma_V(t)$ により，核量子効果[8-10]が $\langle I(t) \rangle_T$ により取り入れられる．後者に関しては，古典極限($k_B T \gg \hbar\omega$)で，

$$\langle I(t) \rangle_T \approx \exp\left[-\frac{i}{\hbar}(\Delta G + \lambda)t - \frac{\lambda k_B T t^2}{\hbar^2}\right] \quad (6.55)$$

となり，この表式は関与するフォノンの振動数があまり高くない場合に用いることができる．また，$\Gamma_V(t)$ は凍結されたガウシアンモデルに基づく(6.40)式によっており，通常，原子核の古典力学的な運動に対する MD 計算で得られる分子配置を用いて求められる．このとき，詳細釣り合い条件を回復するために何らかの量子補正を行う必要があり[7]，古典力学的に得られた時間相関関数のフーリエ変換

$$\Gamma_V^c(\omega) = \int_{-\infty}^{\infty} dt\, e^{i\omega t} \Gamma_V^c(t) \quad (6.56)$$

に対して，

$$\Gamma_V^q(\omega) = \frac{2}{1 + \exp(-\hbar\omega/k_B T)} \Gamma_V^c(\omega) \quad (6.57)$$

のような量子補正[7,10]や他の様々な形[11]が提案されている．

6.2.3　フェルスターならびにデクスターの公式

上で述べたように，一般化されたマスター方程式(6.12)におけるメモリーカーネル $K_{ab}(\tau)$ が計算できれば，後で数値例を示すように，量子コヒーレンスの効果も考慮に入れた励起状態 $P_a(t)$ のポピュレーション変化のダイナミクスを記述することができる．一方，従来しばしば用いられてきた，メモリー効果を考慮しない反応速度方程式は，2状態遷移($a \leftrightarrow b$)の場合，

と書くことができ，ここで，反応速度定数は，メモリーカーネルを時間積分して，

$$\frac{\partial}{\partial t}P_a(t) = k_{ab}P_b(t) - k_{ba}P_a(t), \tag{6.58}$$

$$\frac{\partial}{\partial t}P_b(t) = k_{ba}P_a(t) - k_{ab}P_b(t) \tag{6.59}$$

と書くことができ，ここで，反応速度定数は，メモリーカーネルを時間積分して，

$$k_{ab} = \int_0^\infty d\tau K_{ab}(\tau), \tag{6.60}$$

$$k_{ba} = \int_0^\infty d\tau K_{ba}(\tau), \tag{6.61}$$

あるいは，

$$k_{ba} = \int_{-\infty}^\infty dt\, C_{ba}(t) = C_{ba}(\omega=0) \tag{6.62}$$

と表される．ここで，$C_{ba}(t)$ は (6.16) 式で与えられるリザボア相関関数である．

以下，始状態と終状態の全振電波動関数 $\Phi_{a\mu}, \Phi_{b\nu}$ が (6.19)，(6.20) 式のように表され，そのエネルギーが $\hbar\omega_{a\mu} = E_{Aev} + E_{Bgu}$, $\hbar\omega_{b\nu} = E_{Agu'} + E_{Bev'}$ のように与えられるものとしよう．さらに，(6.17) 式の計算において電子と核の寄与が分離できるものとすると，電子部分に対しては（静的なコンドン近似[4]を用いれば）

$$|\langle \Psi_{Ae}\Psi_{Bg}|V_{ab}|\Psi_{Ag}\Psi_{Be}\rangle|^2 = V_0^2 \tag{6.63}$$

と表され，分子 A, B の周りの核振動モードがお互いに独立であるとして，

$$k_{ba} = \frac{2\pi}{\hbar}V_0^2 \left\langle \sum_{u',v'} |\langle \chi_{Aev}|\chi_{Agu'}\rangle|^2 |\langle \chi_{Bgu}|\chi_{Bev'}\rangle|^2 \delta(E_{Aev} + E_{Bgu} - E_{Agu'} - E_{Bev'}) \right\rangle_T$$

$$= \frac{2\pi}{\hbar}V_0^2 \int_{-\infty}^\infty dE \left\langle \sum_{u',v'} |\langle \chi_{Aev}|\chi_{Agu'}\rangle|^2 |\langle \chi_{Bgu}|\chi_{Bev'}\rangle|^2 \right.$$

$$\left. \times \delta(E - E_{Aev} + E_{Agu'})\delta(E + E_{Bgu} - E_{Bev'}) \right\rangle_T \tag{6.64}$$

と書くことができる．ここで，$\langle\ \rangle_T$ は振動インデックス u,v を持つ初期状態に関する熱平均である．そして，分子 A の発光スペクトルと分子 B の吸収スペクトルがそれぞれ

6.2 励起エネルギー移動と電子移動

$$L_A(E) = \left\langle \sum_{u'} |\langle \chi_{Aev} | \chi_{Agu'} \rangle|^2 \delta(E - E_{Aev} + E_{Agu'}) \right\rangle_T, \quad (6.65)$$

$$A_B(E) = \left\langle \sum_{v'} |\langle \chi_{Bgu} | \chi_{Bev'} \rangle|^2 \delta(E + E_{Bgu} - E_{Bev'}) \right\rangle_T \quad (6.66)$$

と表されることに注意して,

$$k_{ba} = \frac{2\pi}{\hbar} V_0^2 \int_{-\infty}^{\infty} dE\, L_A(E) A_B(E) \quad (6.67)$$

が得られる．この式を電子結合定数 V_0 の場合の励起エネルギー移動に対する**フェルスターの公式**[12]と呼ぶ．また，三重項励起移動の場合には電子結合定数は(6.35)式のように分子 A, B の距離に対して指数関数的に急速に減少し，この場合は**デクスターの公式**[13]と呼ばれる．

6.2.4 電子移動とマーカスの公式

　光合成系における光反応ダイナミクスを議論する上で，励起エネルギー移動に加えて，電子やホールの電荷移動（以下，簡単のため「電子移動」と呼ぶ）も重要である．電子移動は励起エネルギー移動と同様に，本節初めに示したような2状態遷移として記述することができ，マスター方程式やメモリーカーネル，リザボア相関関数として(6.12)-(6.18)式と同様の表式が用いられる．特に，状態 a から状態 b への電子移動の反応速度定数は，$k_{ba} = C_{ba}(\omega=0)$ と与えられ，溶媒効果，電子の非弾性トンネル（非コンドン）効果，核量子効果などを考慮した理論解析が可能である[7,10]．また，(6.42)式において電子の寄与を切り出して静的（コンドン）近似で $\Gamma_V(t) \approx V_0^2$ とおき，さらに核部分 $\langle I(t) \rangle_T$ に関して古典近似(6.55)式を用いれば，

$$k_{ba} = \frac{2\pi}{\hbar} V_0^2 \left(\frac{1}{4\pi\lambda k_B T} \right)^{1/2} \exp\left[-\frac{(\Delta G + \lambda)^2}{4\lambda k_B T} \right] \quad (6.68)$$

が得られ，これは**マーカスの公式**[14]と呼ばれている．ここで，ΔG は電子移動の始状態と終状態の間のエネルギーギャップ，λ は電子移動に伴う周囲の環境の再配置エネルギーである．電子結合定数 V_0 の計算法に関しては数多くの研究がある[15]．

6.2.5 いくつかの数値結果

以下，上で述べた理論的枠組を用いて，2状態遷移 ($a \leftrightarrow b$) としての励起エネルギー移動に関する計算例を示す[5]．一般化されたマスター方程式(GME)：

$$\frac{\partial}{\partial t}P_a(t) = \int_0^t d\tau [K_{ab}(\tau)P_b(t-\tau) - K_{ba}(\tau)P_a(t-\tau)], \quad (6.69)$$

$$\frac{\partial}{\partial t}P_b(t) = \int_0^t d\tau [K_{ba}(\tau)P_a(t-\tau) - K_{ab}(\tau)P_b(t-\tau)] \quad (6.70)$$

を考え，総和則

$$\sum_a K_{ab}(\tau) = 0 \quad (6.71)$$

を用いる．初期条件として，分子A（ドナー）が励起された状態 a を考えてそのポピュレーション密度を $P_a(0) = 1$，励起の受け手である分子B（アクセプター）が励起された状態を b として，そのポピュレーション密度を $P_b(0) = 0$ とする．

以下では，簡単のため，リザボア相関関数(6.42)式の電子部分の時間依存性に関して時定数 τ_0 を用いた指数関数型の緩和

$$\Gamma_V^c(t) = V^2 e^{-|t|/\tau_0} \quad (6.72)$$

を用いる．ここで，$\langle V(0)^2 \rangle_T = V^2$ とし，$\langle V(t) \rangle_T^2 \ll V^2$ を仮定した．また，(6.42)式の核部分 $\langle I(t) \rangle_T$ に対しては古典近似(6.55)式を用いることにする．このとき，メモリーカーネルは(6.57)式を用いて，

$$K_{ba}(\tau) = \frac{2}{\hbar^2}\mathrm{Re}\left\{\int_{-\infty}^{\infty}\frac{d\omega}{2\pi}\Gamma_V^q(\omega)\exp(-i\omega\tau)\exp\left[-\frac{\lambda k_B T \tau^2}{\hbar^2} - \frac{i}{\hbar}(\Delta G + \lambda)\tau\right]\right\}, \quad (6.73)$$

$$K_{ab}(\tau) = \frac{2}{\hbar^2}\mathrm{Re}\left\{\int_{-\infty}^{\infty}\frac{d\omega}{2\pi}\Gamma_V^q(\omega)\exp(-i\omega\tau)\exp\left[-\frac{\lambda k_B T \tau^2}{\hbar^2} - \frac{i}{\hbar}(-\Delta G + \lambda)\tau\right]\right\} \quad (6.74)$$

と書かれる．

以上の方程式はラプラス変換を用いて解くことができる．$\tilde{P}_a(s)$ を $P_a(t)$ のラプラス変換とすると，メモリーカーネルのラプラス変換

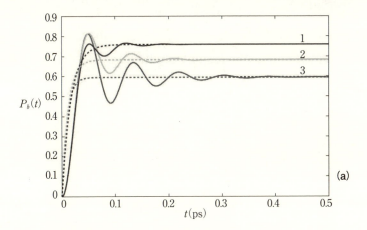

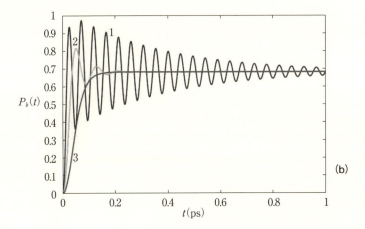

図 6.4 （a）時刻 $t=0$ で $P_a(0)=1$ とした場合の $P_b(t)$ の時間変動（$V=160\,\mathrm{cm}^{-1}$, $\lambda=80\,\mathrm{cm}^{-1}$, $T=300\,\mathrm{K}$, $\tau_0=1\,\mathrm{ps}$）．1：$\Delta G=-240\,\mathrm{cm}^{-1}$；2：$\Delta G=-160\,\mathrm{cm}^{-1}$；3：$\Delta G=-80\,\mathrm{cm}^{-1}$．点線は反応速度方程式 (6.58), (6.59) の解，実線は一般化されたマスター方程式 (6.69), (6.70) の解．
（b）時刻 $t=0$ で $P_a(0)=1$ とした場合の $P_b(t)$ の時間変動（$\lambda=80\,\mathrm{cm}^{-1}$, $\Delta G=-160\,\mathrm{cm}^{-1}$, $T=300\,\mathrm{K}$, $\tau_0=1\,\mathrm{ps}$）．1：$V=320\,\mathrm{cm}^{-1}$；2：$V=160\,\mathrm{cm}^{-1}$；3：$V=80\,\mathrm{cm}^{-1}$（文献[5]より）．

$$\widetilde{K}_{ab}(s) = \int_0^\infty dt\, e^{-st} K_{ab}(t), \tag{6.75}$$

$$\widetilde{K}_{ba}(s) = \int_0^\infty dt\, e^{-st} K_{ba}(t) \tag{6.76}$$

を用いて,

$$\widetilde{P}_a(s) = \frac{\widetilde{K}_{ab}(s)}{s(s + \widetilde{K}_{ab}(s) + \widetilde{K}_{ba}(s))} \tag{6.77}$$

と表すことができる.したがって,一般化されたマスター方程式(6.69),(6.70)の解として,

$$P_a(t) = \frac{1}{2\pi i}\int_{c-i\infty}^{c+i\infty} ds\, \widetilde{P}_a(s)\exp(st), \tag{6.78}$$

$$P_b(t) = 1 - P_a(t) \tag{6.79}$$

が得られる.ここで,実数 c は,(6.78)式の被積分関数のすべての特異点が複素 s 面上の直線 $\mathrm{Re}\, s = c$ の左側に存在するように選ばれる.

図 6.4(a)は,$V = 160\,\mathrm{cm}^{-1}$,$\lambda = 80\,\mathrm{cm}^{-1}$,$T = 300\,\mathrm{K}$,$\tau_0 = 1\,\mathrm{ps}$ とし,ΔG の値を $-80, -160, -240\,\mathrm{cm}^{-1}$ と変化させた場合の $P_b(t)$ の時間変化を示したものである.選んだパラメターの値は,光合成を行う緑色硫黄細菌 Fenna-Matthews-Olson(FMO)のタンパク質[16-18]などの光励起エネルギー移動系で典型的な値を用いている.GME(6.69),(6.70)式の解では電子励起の量子コヒーレンスを反映したポピュレーションの振動が見られるが,記憶効果を無視した反応速度方程式(6.58),(6.59)の解にはそのような振動は見られない.また,図 6.4(b)は $\lambda = 80\,\mathrm{cm}^{-1}$,$\Delta G = -160\,\mathrm{cm}^{-1}$,$T = 300\,\mathrm{K}$,$\tau_0 = 1\,\mathrm{ps}$ とし,V の値を様々に変えたときの $P_b(t)$ の振舞いを示しており,電子結合定数がある閾値(この場合は $V \approx 100\,\mathrm{cm}^{-1}$ 程度)を超えると $P_b(t)$ に振動が現れることがわかる.

6.3 光合成のマルチスケールシミュレーション

本節では,実験的に,あるいは前節で述べたような計算によって各反応素過程の速度定数がわかったときに,光合成系全体のダイナミクスがどのように記述されるかを見ていこう.解析の対象としては,例として,図 6.5 に反応ダ

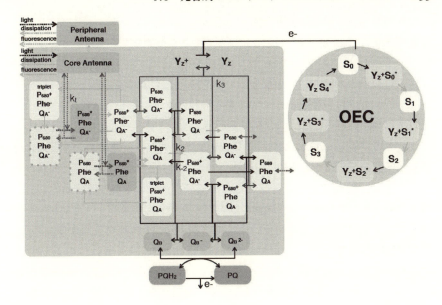

図 6.5 光化学系 II(PS II)の反応ダイアグラム．P_{680}：クロロフィル a，Phe：フェオフィチン，Q_A, Q_B：プラストキノン，Y_z：チロシン，OEC：酸素発生複合体（文献[19]より）．

イアグラムが示されるような植物の光化学系 II(Photosystem II ; PS II)を考える．この系は，光化学系 I(PS I)とともに，酸素発生型光合成に関与する二つの光反応系の一つで，水の分解を可能にする強い酸化力を形成する．PS II では，アンテナ色素系から供給される励起エネルギーをクロロフィル a(P_{680})が受け取り，その励起一重項状態を経由して，隣接するフェオフィチン(Phe)分子に電子を伝達することで反応が進行する．還元型となった Phe は D2 タンパク質に結合しているプラストキノン(Q_A キノン電子受容体)に電子を渡して酸化状態に戻る．この電子はさらに Q_B キノン電子受容体，シトクロム b_6/f 複合体を経由して PS I に渡され，最終的に二酸化炭素の同化に利用される(図 6.1)．一方，酸化型になった P_{680} は Y_z と呼ばれる D1 タンパク質の Tyr(チロシン)残基から電子をもらって還元され，酸化型の Y_z は酸素発生反応の触媒中心である Mn クラスターの触媒作用によって周囲の水分子から供給される電子をもらって還元状態に戻る．この反応では最終電子供与体とし

て水が利用され，酸素発生複合体(Oxygen-Evolving Complex ; OEC)における Kok サイクルにより，次式のように副産物として酸素が発生することになる．

$$2H_2O \rightarrow 4H^+ + 4e^- + O_2 \qquad (6.80)$$

図 6.5 に示される PS II の反応ネットワークに現れる各状態のポピュレーション(占有密度)を変数として反応速度方程式を連立微分方程式として立て，それを数値的に解くことで系全体の光応答ダイナミクスを理論的に記述することができる[19]．しかしながら，ここでの大きな問題は，連立微分方程式に現れる速度定数が，速いものではフェムト秒からピコ秒，遅いものではミリ秒から秒単位と，10 桁以上のレンジにわたって広がっていることで，そのことが最小の時間単位で全体の時間的な微分方程式を均一に積分していくことを数値計算コスト的に困難にしている．そこで，まず，この困難を克服するための，**時間階層的粗視化**の手法[20]について述べよう．

プロトタイプとして図 6.6 に示す 3 変数 (x_0, x_1, x_2) の反応モデルを考えよう．ここで，k, v は速度定数を表し，「速い過程」と「遅い過程」の 2 種類のダイナミクスが混在するとする．まず，v_0, v_1, v_2 は系に外から入ってくる遅い反応フローを表す．また，k_f と k_b は内部の化学反応の速いプロセスに対応する速度定数である．一方，外向きの速度定数 k_0 は遅いプロセスを表し，

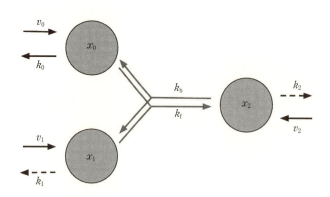

図 6.6 3 変数反応モデル．変数 x_i は三つの状態のポピュレーションを表し，k_i, v_i は各反応素過程の速度定数を表す．点線の k_1, k_2 は「速い」場合と「遅い」場合がある (文献[20]より)．

6.3 光合成のマルチスケールシミュレーション

$1/k_b \ll 1/k_0$ を満たすものとする.ここでは各反応素過程を「速い」,「遅い」の 2 階層に分け,速度定数 k_j に対して,$A_{\text{I}} = \{k_j | k_j \sim k_b\}$ グループと $A_{\text{II}} = \{k_j | k_j \sim k_0\}$ グループに分類する.そして,系の外に向かうフローを表す速度定数の k_0 以外の k_1, k_2 がどちらのグループに所属するかで場合分けする.扱う反応速度方程式は,3 状態のポピュレーション x_0, x_1, x_2 に対して,

$$\frac{dx_0}{dt} = v_0 - k_0 x_0 + k_b x_2 - k_f x_1 x_0, \tag{6.81}$$

$$\frac{dx_1}{dt} = v_1 - k_1 x_1 + k_b x_2 - k_f x_1 x_0, \tag{6.82}$$

$$\frac{dx_2}{dt} = v_2 - k_2 x_2 - k_b x_2 + k_f x_1 x_0 \tag{6.83}$$

となり,上で述べた PS II の反応ネットワークで現れる方程式はすべてこの形に還元でき,以下の解析手法を適宜適用すればよい.

このモデル方程式系で階層的粗視化の手続きを進めるために,速い速度定数 k_b と遅い速度定数 k_0 で無次元化した時間,$\tau_{\text{I}} = k_b t$, $\tau_{\text{II}} = k_0 t$ とその比である微小量 $\varepsilon_{\text{I,II}} = k_0/k_b$ を導入する.また,各速度定数 k_j に対して無次元の速度定数 κ_j を,$k_j \in A_{\text{I}}$ の場合,

$$\kappa_j = \frac{k_j}{k_b}, \tag{6.84}$$

$k_j \in A_{\text{II}}$ の場合,

$$\kappa_j = \frac{k_j}{k_0} \tag{6.85}$$

として導入する.ここで,$\kappa_b = k_b/k_b = 1$, $\kappa_0 = k_0/k_0 = 1$ であり,すべての κ_j は 1 のオーダーとなる.また,v_j も $\nu_j = v_j/k_0$ のように規格・無次元化する.

以下,まず,$k_0, k_1, k_2 \in A_{\text{II}}$ の場合を考えよう.このとき,(6.81)-(6.83) の方程式系は,速い無次元時間 τ_{I} のスケールで見て,

$$\frac{dx_0}{d\tau_{\text{I}}} = \varepsilon_{\text{I,II}} \nu_0 - \varepsilon_{\text{I,II}} \kappa_0 x_0 + \kappa_b x_2 - \kappa_f x_1 x_0, \tag{6.86}$$

$$\frac{dx_1}{d\tau_{\text{I}}} = \varepsilon_{\text{I,II}} \nu_1 - \varepsilon_{\text{I,II}} \kappa_1 x_1 + \kappa_b x_2 - \kappa_f x_1 x_0, \tag{6.87}$$

$$\frac{dx_2}{d\tau_{\mathrm{I}}} = \varepsilon_{\mathrm{I,II}}\nu_2 - \varepsilon_{\mathrm{I,II}}\kappa_2 x_2 - \kappa_{\mathrm{b}} x_2 + \kappa_{\mathrm{f}} x_1 x_0 \tag{6.88}$$

のように表すことができる．これらの式の右辺で，$\varepsilon_{\mathrm{I,II}}$ がかかっている項が「微小項」となる．そして，この「速い時間スケール」の式を τ_{II} で表される「遅い時間スケール」の式に書き直すことを考える．

そのためにまず，速い時間スケール τ_{I} で見たときの方程式 (6.86)-(6.88) において (擬) 保存量 (当該時間スケールで近似的に保存する量) $x_{02} = x_0(\tau_{\mathrm{I}}) + x_2(\tau_{\mathrm{I}})$, $x_{12} = x_1(\tau_{\mathrm{I}}) + x_2(\tau_{\mathrm{I}})$ が存在することに注目する．また，今回の場合，速い時間スケール τ_{I} では外部とつながる反応チャネルはすべて遅い過程なので，x_0, x_1, x_2 は内部の反応速度定数 $k_{\mathrm{f}}, k_{\mathrm{b}}$ を持つ準孤立系と見なすことができ，$\tau_{\mathrm{I}} \to \infty$ の極限 (ただし，「遅い過程」から見ればまだ短時間) で $dx_0/d\tau_{\mathrm{I}} = 0$, $dx_1/d\tau_{\mathrm{I}} = 0$, $dx_2/d\tau_{\mathrm{I}} = 0$ より，

$$x_2 = \frac{\kappa_{\mathrm{f}}}{\kappa_{\mathrm{b}}} x_1 x_0 \tag{6.89}$$

が得られる (準定常状態)．これらは τ_{I} スケールで $\mathcal{O}(\varepsilon_{\mathrm{I,II}})$ の量を無視して得られた結果であるが，通常 $\varepsilon_{\mathrm{I,II}}$ は 10^{-3} 程度に選ばれる．これらの関係式を用い，$\tau_{\mathrm{I}} \to \infty$ で定義される粗視化関数 Γ：

$$\lim_{\tau_{\mathrm{I}} \to \infty} x_0(\tau_{\mathrm{I}}) = \Gamma_{x_0}(x_{02}, x_{12})$$

$$= \frac{\sqrt{(\kappa_{\mathrm{b}} + \kappa_{\mathrm{f}} x_{12} - \kappa_{\mathrm{f}} x_{02})^2 + 4\kappa_{\mathrm{f}}\kappa_{\mathrm{b}} x_{02}} - (\kappa_{\mathrm{b}} + \kappa_{\mathrm{f}} x_{12} - \kappa_{\mathrm{f}} x_{02})}{2\kappa_{\mathrm{f}}},$$

$$\tag{6.90}$$

$$\lim_{\tau_{\mathrm{I}} \to \infty} x_1(\tau_{\mathrm{I}}) = \Gamma_{x_1}(x_{02}, x_{12}) = \frac{x_{12}}{1 + \dfrac{\kappa_{\mathrm{f}}}{\kappa_{\mathrm{b}}}\Gamma_{x_0}(x_{02}, x_{12})}, \tag{6.91}$$

$$\lim_{\tau_{\mathrm{I}} \to \infty} x_2(\tau_{\mathrm{I}}) = \Gamma_{x_2}(x_{02}, x_{12}) = x_{02} - \Gamma_{x_0}(x_{02}, x_{12}) \tag{6.92}$$

を導入して，x_0, x_1, x_2 を速い時間スケールでの (擬) 保存量 x_{02}, x_{12} で表現することができる．それらを方程式 (6.86)-(6.88) に代入し，$\varepsilon_{\mathrm{I,II}}$ で割ることで，遅い時間スケール τ_{II} で成り立つ粗視化方程式：

$$\frac{dx_{02}}{d\tau_{\mathrm{II}}} = \nu_0 + \nu_2 - \kappa_0 \Gamma_{x_0}(x_{02}, x_{12}) - \kappa_2 \Gamma_{x_2}(x_{02}, x_{12}), \tag{6.93}$$

$$\frac{dx_{12}}{d\tau_{\mathrm{II}}} = \nu_1 + \nu_2 - \kappa_1 \Gamma_{x_1}(x_{02}, x_{12}) - \kappa_2 \Gamma_{x_2}(x_{02}, x_{12}) \qquad (6.94)$$

が得られる．このとき，τ_{II} 時間スケールでは，τ_{I} 時間スケールで(擬)保存量であった x_{02}, x_{12} が新たな力学変数となっている．

このようにして，$k_0, k_1, k_2 \in A_{\mathrm{II}}$ の場合に，速い時間スケールから遅いスケールへの反応速度方程式の粗視化（くりこみ）変換を行うことができた．この方法は k_1, k_2 のいずれかが速い時間スケールのグループに属する場合にも同様に適用可能であり[20]，時間階層間で繰り返し用いることで，大きな時間レンジをまたぐ(多階層の)粗視化操作も可能である．このような手法を用い，例えば PS II の場合，図 6.7 に示すように，ピコ秒，ナノ秒，マイクロ秒，ミリ秒の時間スケールが入り混じった反応系に対して，最も速いピコ秒オーダーの過程だけを粗視化して消去した実効モデルなどを作ることができる．

最後に，上記の方法を適用して，植物の蛍光誘導現象を説明した例を紹介する[19]．植物を暗室に置いて暗順応させた後，暗室から出して様々な強度の光

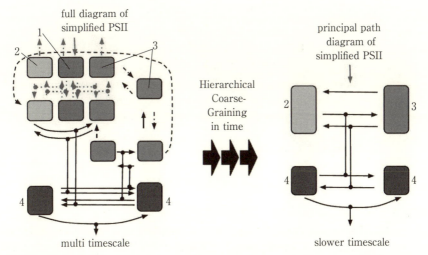

図 6.7　PS II の反応ネットワークの粗視化．ピコ秒，ナノ秒，マイクロ秒，ミリ秒の時間スケールの反応過程をそれぞれ 1, 2, 3, 4 で表示している．左図から右図への粗視化変換で，ピコ秒スケールの速い過程が粗視化され，ナノ秒スケールより遅い過程が実効的に観察される(松岡毅氏提供)．

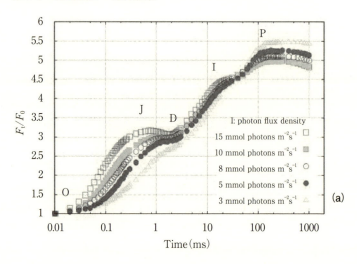

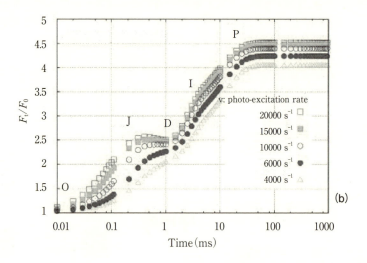

図 6.8 照射光強度を様々に変えたときの誘導蛍光強度の時間変化[19]．エンドウマメの葉に波長 685 nm の光を当てた場合．（a）実験結果．（b）計算結果．実験におけるフォトンフラックス密度に対応した光励起の速度定数をモデル計算では用いている．

を葉に当てると蛍光を発し，その時間変動パターンは植物内部の光合成反応メカニズムを知るうえで重要な知見となることが知られている．この応答を司るのは主に植物のPS II部分であり，PS IIに対する光反応ネットワークモデルを解くことで，実験結果との対応を見ることができる．**図 6.8** はエンドウマメの葉に様々な強度の波長 685 nm の光を照射した際の誘導蛍光の実験データとモデル計算の結果を比較したもので，実験で観察される時間変化の J-D-I-P パターンや照射光強度依存性を計算結果はよく再現することができる．ここで，図 6.8 で示されているのはマイクロ秒から秒オーダーの比較的遅いプロセスであるが，モデル計算ではピコ秒オーダーから始まる速い過程も取り込まれていることに注意されたい．

　本節で紹介した光合成反応の時間的なマルチスケール粗視化シミュレーション手法は PS II 以外の他の系でも適用可能であり，光化学系 I（PS I）が関わる光合成誘導の波長 820 nm の透過光シグナルの時間変動パターンを説明することにも成功している[21]．

6.4　今後の課題

　本章では，色素を含んだタンパク質等の生体分子構造から出発して，光合成機能の第一原理的な記述を目指すシミュレーション的アプローチの現状について紹介した．ここで見られたように，ミクロな電子論に立脚し，いくつかの合理的な粗視化操作を経て，光環境応答といった植物のマクロな振舞い（生命機能）を定量的に再現することも可能となっている．図 6.1 で示した葉緑体中の光合成装置のうち，光化学系 I, II について詳細なモデリングが行われていることを述べたが，残りのシトクロム b_6/f や ATP 合成酵素，また，暗反応のカルビン回路[22]なども同様の計算機シミュレーションは可能であり，それらを統合した光合成シミュレータの完成も間近と言えよう．

　残された課題は，ミクロの側で言えば，Fe や Mn を含むタンパク質の精妙な電子状態の記述，そしてそういった第一原理的な電子状態計算で得られるタンパク質の HOMO, LUMO 近傍のフロンティア軌道を用いた励起エネルギー移動・電子移動等の化学反応の記述などが挙げられる．前者に関して言えば，密度行列くりこみ群（Density Matrix Renormalization Group；DMRG）などの

適用により膨大なスピン軌道自由度の取り扱いが可能となりつつある[23, 24]．また，後者に関しては，2.3節で述べたFMO法に基づき効率的にフロンティア軌道を記述するFMO-LCMO (Linear Combination of Molecular Orbitals)法[25, 26]の利用などに期待が持たれている．いずれの場合も，膨大な力学的自由度を計算科学的あるいは情報科学的にいかに削減するかという普遍的な問題に関わっており，今後，分子ダイナミクスをも考慮に入れることで，それらの課題の克服は光合成科学のみならず酵素科学等への波及効果も大きい．さらに，ATP合成・分解やプロトンの輸送といった「古くて新しい問題」の根本的な解決・理解も依然として重要な課題として残されている．

　また，より現実的な光合成シミュレータの実現という観点で言えば，光環境の変化に応じてエポキシ化・脱エポキシ化により過剰な光エネルギーを処理するキサントフィルサイクルや，光化学系Ⅰ，Ⅱの間のエネルギー配分を調整するステート遷移，さらには色素量の調節などの，光ストレスに対する比較的マクロな応答機能[27]をシミュレーションに組み込むことも将来の重要な課題である．

第6章　参考文献

[1]　佐藤公行編集,「光合成」, 朝倉植物生理学講座3, 朝倉書店(2002).
[2]　R. E. Blankenship, "Molecular Mechanisms of Photosynthesis", 2nd ed., Wiley Blackwell, Chichester, UK(2014).
[3]　G. D. Scholes, J. Phys. Chem. Lett. **1**(2010) 2.
[4]　V. May, O. Kuhn, "Charge and Energy Transfer Dynamics in Molecular Systems", 3rd ed., Wiley-VCH, Weinheim(2011).
[5]　Y. Suzuki, K. Ebina, S. Tanaka, Chem. Phys. **474**(2016) 18.
[6]　O. V. Prezhdo, P. J. Rossky, J. Chem. Phys. **107**(1997) 5863.
[7]　H. Nishioka, A. Kimura, T. Yamato, T. Kawatsu, T. Kakitani, J. Phys. Chem. B **109**(2005) 15621.
[8]　A. V. Barzykin, P. A. Frantsuzov, K. Seki, M. Tachiya, Adv. Chem. Phys. **123**(2002) 511.
[9]　S. Tanaka, Y. Sengoku, Phys. Rev. E **68**(2003) 031905.
[10]　S. Tanaka, E. B. Starikov, Phys. Rev. E **81**(2010) 027101.
[11]　S. A. Egorov, K. F. Everitt, J. L. Skinner, J. Phys. Chem. A **103**(1999) 9494.

[12]　T. Förster, Ann. Phys. (Leipzig) **2** (1948) 55.
[13]　D. L. Dexter, J. Chem. Phys. **21** (1953) 836.
[14]　R. A. Marcus, J. Chem. Phys. **24** (1956) 966.
[15]　C. -P. Hsu, Acc. Chem. Res. **42** (2009) 509.
[16]　J. M. Olson, Photosynth. Res. **80** (2004) 181.
[17]　J. Adolphs, T. Renger, Biophys. J. **91** (2006) 2778.
[18]　M. Schmidt am Busch, F. Müh, M. El-Amine Madjet, T. Renger, J. Phys. Chem. Lett. **2** (2011) 93.
[19]　T. Matsuoka, S. Tanaka, K. Ebina, J. Theor. Biol. **380** (2015) 220.
[20]　T. Matsuoka, S. Tanaka, K. Ebina, Biosystems **117** (2014) 15.
[21]　T. Matsuoka, S. Tanaka, K. Ebina, J. Photochem. Photobiol. B : Biology **160** (2016) 364.
[22]　D. McNevin, S. von Caemmerer, G. Farquhar, J. Exp. Bot. **57** (2006) 3883.
[23]　Y. Kurashige, G. K-L. Chan, T. Yanai, Nature Chem. **5** (2013) 660.
[24]　S. Sharma, K. Sivalingam, F. Neese, G. K.-L. Chan, Nature Chem. **6** (2014) 927.
[25]　S. Tsuneyuki, T. Kobori, K. Akagi, K. Sodeyama, K. Terakura, H. Fukuyama, Chem. Phys. Lett. **476** (2009) 104.
[26]　T. Kobori, K. Sodeyama, T. Otsuka, Y. Tateyama, S. Tsuneyuki, J. Chem. Phys. **139** (2013) 094113.
[27]　園池公毅，「光合成とはなにか」，講談社ブルーバックス，講談社 (2008)．

第 7 章
おわりに：計算生命科学の統合シミュレーションに向けて

7.1 「生命シミュレーション」が目指すもの

　本書では，主として物質科学的な立場に立って，生命現象を分子レベルからボトムアップ的に記述するシミュレーション手法の基礎と応用について述べた．このようなアプローチは「生命シミュレーション」としては決して唯一無二のものではなく，様々な視点からの批判もあろう．まず，第 1 章でも論じたように，生命現象の記述は物質科学的よりもむしろ情報科学的に行うほうが効果的・本質的であるという考え方はもちろんあり，その傾向は昨今のビッグデータ・サイエンスの隆盛とともにますます顕著になっていると思われる．本書は物理学・化学をベースとすることで「物質・材料科学としての生命科学」にフォーカスする形をとっており，物理学・化学それ自体の「情報科学化」が進む現代では，今後もしかすると時代遅れとなるかもしれないことを承知のうえで，それでも情報科学・バイオインフォマティクス的なアプローチと相互補完的となることを期待して，あえてある意味「古典的な」立場を貫かせていただいた．また，こういった分子論に立脚する立場は当然要素還元論的な記述を指向することとなり，そもそも本質的に「創発的」な生命現象を還元的に説明できるのか，という原理的な論点とも深く関わってくる．これについては，いわゆる「複雑系生命科学」の膨大な研究[1]があることは周知の通りである．本書の立場は，それらの批判を甘受したうえで，それでもなお，分子レベルからのボトムアップ的アプローチでどこまでできるのか，その現状と限界・課題を考察しようとするものである．筆者の考えでは，「閉じた孤立系」の物理化学に限定せず，外界との相互作用や系の非平衡性を適切にモデルに取り入れることで，ミクロな分子レベルからマクロな生命機能までを因果的に関係づけて定量的に記述できる現象が少なからず存在するように思われる．また，実際に第 5 章や第 6 章で示した医療・創薬や光合成系への応用事例が，少なくとも実

用レベルでの物質科学的アプローチの有用性を示しているのではなかろうか．生物工学や医学・薬学などのいわゆる実学の現場の研究者の多数が，生命現象への分子論的アプローチに依拠していることはその何よりの証左と言えよう．本書はそうした意味でかなり「実用」を意識しており，実験との対応や，実際の計算や解析法の技術的な側面にも配慮している．

　本書は方法論的には第2章の量子化学的アプローチから出発した．いわゆる「ボトムアップ」型の生命シミュレーションの多くは現在でもそれより若干マクロな階層の（粗視化された）古典力学的な全原子モデルから出発することが多いが，本書ではより「第一原理的」な電子論から出発し，それは生命系における酵素反応や光反応，励起エネルギー・電子の移動ダイナミクスなどの重要な現象の定量的な記述を目指してのことである．また，生体分子間相互作用を記述するいわゆる「力場」についても様々な階層レベルが考えられ，その最も定量的に信頼できるアプローチが電子論に基づくものであることは論を俟たない．電子を扱う量子力学的な階層から，ニュートンの運動方程式に基づく原子・分子のダイナミクス，そして水に取り巻かれた生体分子複合系の統計熱力学的な記述へと至り，細胞内の様々な生命現象を説明・解明していくことは「ボトムアップ」生命シミュレーションの主要な道筋であり，これによる「生命」の統合的かつ整合的記述は物理学ベースの「量子システム生物学」の究極の目標と言えるだろう．こうした階層的・マルチスケール的な「粗視化」のどこかの段階で「物質（非生命）」から果たして「生命」と呼べるものが現れ得るのかどうか，その実現とメカニズムの解明はこうした「第一原理的」アプローチにおける最大のチャレンジである．

7.2　あらためて「生命とは何か」

　生命系を対象とした理論解析やシミュレーションというとき，「生命とは何か」という問いはどうしても避けられない．それは薬剤の設計といった実用的な問題に「物質・材料科学的に」アプローチするといった（本書がとるような）ある意味かなり極端なアプローチにおいてもあてはまることだろう．そして，地球上における「生命の起源」を問うという課題もまた，「生命とは何か」という問いと密接に関係している．

7.2 あらためて「生命とは何か」

「生命とは何か」また「生命の起源」という問題は20世紀において多くの研究者によって繰り返し問われてきた[2-4]．21世紀に入り，ゲノム科学をはじめとする生命科学の深化や惑星・地球科学も含めた生命の起源研究の進展を経てなお，生物学，化学，物理学，情報科学，哲学等の様々な視点からこの問題は問い続けられている．一つの重要な論点は，「生命」というものがそもそも要素還元的な説明を許すものなのか，あるいは本質的に「創発的」なものなのか，という点[5]で，これに関しては筆者は個人的には，「創発と見えるものは現時点での科学の枠組・思考空間の限界に関係している」という認識論的な立場[6]に賛同したいと考えている．「生命」を適切に記述するために必要な何らかのピース，あるいは背後にある数学的な構造の理解といったものがまだ不十分なのであり，それらが新たに見出されることで，生命の理解が将来大きく進展していくことを期待している．また一方で，何らかの決定的な「生命の理論」や「生命の方程式」が突如見出されて問題が一気に解決されるということも考えにくく，多くの研究者のパッチワーク的な作業の総和として，人類が徐々に「生命」を理解していく，というシナリオも妥当であろう．

本書では，生体分子系に含まれる電子に量子論を適用することから出発して粗視化的な操作を繰り返して生命系を階層的に記述するという立場を基本とした．これは主に，医療・創薬応用や光合成系の記述などの課題に計算機シミュレーションの結果を定量的に適用したいという実用的な思惑によるところが大きいが，実は「量子」と「生命」の間には，それを超えた深い結び付きがあることが想像される．生命現象の数理的な記述においては例えばタンパク質フォールディングや遺伝子制御・代謝反応経路などに典型的に見られる「組み合わせ爆発」の問題がしばしば現れる．これは場合の組み合わせの数が基本変数の自由度に対して指数関数的に増大するため，その解を求めることが実際的に困難になるという問題であるが，生命系は進化を通して獲得した様々な仕掛けによって巧妙にこの困難を(近似的に)解決しているように見える．一方，量子論はその構造において力学変数間のテンソル的な結合(エンタングルメント)を内包しており，自由度の増加とともに複雑さの度合が指数関数的に増大する．生命系と量子系の数学的構造にはアナロジーがあり，あたかも量子計算機が因数分解などのNP(Nondeterministic Polynomial time)的(あるいはNP困難)な問題を超並列重ね合わせ計算で効率的に解くように，生命系もまた場合

の数の困難をうまく回避でき，これがいわば生命系の「知性」の表現とも言える．また，昨今大きな注目を集めている人工知能のディープラーニングなどの技法も数学的には量子論との類似性があり[7]，今後，量子コンピュータ技術の進展などとも相俟って，生命系における情報処理・圧縮や認知機能のメカニズムの情報科学的な観点からの解明も進むことが期待される．そしてその先に，まだ見ぬ真の「量子生命科学」[8, 9]の姿も浮かび上がってくることだろう．

第7章 参考文献

[1] スチュアート・カウフマン著，米沢富美子訳，「自己組織化と進化の論理-宇宙を貫く複雑系の法則」，ちくま学芸文庫，筑摩書房(2008)．
[2] E. シュレーディンガー著，岡小天，鎮目恭夫訳，「生命とは何か-物理的にみた生細胞」，岩波書店(1951)．
[3] オパーリン著，石本真訳，「生命の起原-生命の生成と初期の発展」，岩波書店(1969)．
[4] フリーマン・ダイソン著，大島泰郎，木原拡訳，「ダイソン生命の起源」，共立出版(1989)．
[5] クリストフ・マラテール著，佐藤直樹訳，「生命起源論の科学哲学-創発か，還元的説明か」，みすず書房(2013)．
[6] C. G. Hempel, P. Oppenheim, Phil. Sci. **15**(1948)135.
[7] N. Cohen, O. Sharir, A. Shashua, JMLR : Workshop and Conference Proceedings **49**(2016)1.
[8] 田中成典，パリティ **26**, No. 7(2011)12.
[9] 田中成典，実験医学 **35**(2017)2423.

付録 A

基底関数

2.1.2節の(2.20)式において分子軌道 $\varphi_i(\boldsymbol{r})$ を展開するために導入した基底関数 $\chi_i(\boldsymbol{r})$ は通常，原子核に中心を持つ原子軌道として与えられる．水素原子に対するシュレディンガー方程式の解から，その関数形としてスレーター型(Slater type orbital ; STO)：

$$\chi_{nlm}(\boldsymbol{r}) = N r^{n-1} e^{-\zeta r} Y_{lm}(\theta, \phi) \tag{A.1}$$

(N は規格化因子，ζ は減衰係数，$Y_{lm}(\theta,\phi)$ は球面調和関数)を選ぶのが一つの自然な選択であるが，現在の大部分の分子軌道計算では，STO の指数関数部分を $e^{-\zeta r^2}$ で置き換えたガウス型軌道(Gaussian type orbital ; GTO)が用いられることが多い．これは，分子軌道計算において最も時間を要する分子積分の計算において，異なる位置に置かれた二つの GTO の積を一つの GTO に書き換えることができ，3, 4中心積分を2中心積分に帰着できるためである[1]．ただし，GTO はその関数形により，原子核の近傍 ($r \to 0$) で波動関数が満たすべき「カスプ条件」[1]を満足することはできない．

最もポピュラーな基底関数系の一つであるポープル(Pople)型[2]の場合，まず原子に対するハートリー–フォック計算の結果を用いて，STO 型の軌道を減衰係数 ζ の異なるいくつかの primitive(原始)GTO(χ_i(PGTO))の重ね合わせとして表現する．さらに，内殻軌道と原子価軌道を分けて，原子軌道に対する基底関数を例えば「6-311G」のように表現する．ここで，ハイフンの前の「6」は内殻軌道を六つの PGTO の和として表していることを示し，ハイフンの後の「311」は原子価軌道に対し，PGTO を $\chi(\text{CGTO}) = \sum_i c_i \chi_i(\text{PGTO})$ のように足し合わせて作った contracted(縮約)GTO(χ(CGTO))を三つ用意して，それぞれが3個，1個，1個の PGTO から構成されていることを表している．このような原子価軌道の表現を split valence と呼び，上記の三つの CGTO を用いる例は Triple Zeta(TZ)と呼ばれる．さらに，基底関数の柔軟性を高めるために，s, p 軌道に対して ζ の値を小さくとった diffuse 関数や軌道角運動量の

大きな d 軌道などの polarization 関数を付け加えることもあり，それぞれをガウス型を表す G の前後に「＋」，「＊」の記号により表記する．例えば「6-31＋G*」は，二つの CGTO を用いた Double Zeta (DZ) の split valence に diffuse 関数と polarization 関数を付加した基底関数系である．

近年ではポープル型以外にも様々な基底関数系が分子軌道計算用に開発され用いられており，例えば，電子相関効果を取り込んだ高精度の方法で最適化されたダニング (Dunning) らによる correlation consistent (cc) 基底などが頻繁に使われている．この基底関数系では，原子価軌道の取り扱いに応じて，cc-pVDZ (correlation consistent polarized Valence Double Zeta)，cc-pVTZ (Valence Triple Zeta)，cc-pVQZ (Valence Quadruple Zeta) などが用意されている[1, 2]．

付録A 参考文献

[1] 永瀬茂，平尾公彦，「分子理論の展開」，岩波講座・現代化学への入門 17，岩波書店 (2002)．

[2] F. Jensen, "Introduction to Computational Chemistry", 3rd ed., Wiley, Chichester, UK (2017).

付録 B 電子相関理論

ここでは，ハートリー-フォック(HF)近似を超えた(ポスト HF)電子相関理論として，分子軌道計算において長い歴史を持つ配置間相互作用(Configuration Interaction；CI)法と，結合クラスター(Coupled Cluster；CC)法について簡単に紹介する[1,2]．

2.1 節で述べた HF 近似によると，スレーター行列式で表現された基底状態の波動関数 Ψ_0 だけでなく，そこから電子が高い軌道エネルギーを持つ分子軌道に励起された波動関数を得ることもできる．そこで，電子が1個，2個，3個，…と励起された状態を 1 電子(single；S)，2 電子(double；D)，3 電子(triple；T)，…励起状態と呼ぶこととし，それぞれの波動関数を $\Psi_S, \Psi_D, \Psi_T, \ldots$ と表すこととする．励起される電子の数が増えるにつれてこれらの励起波動関数の数は指数関数的に増加するが，これらの線形結合として試行波動関数

$$\Psi_{CI} = a_0 \Psi_0 + \sum_S a_S \Psi_S + \sum_D a_D \Psi_D + \sum_T a_T \Psi_T + \cdots = \sum_i a_i \Psi_i \quad (B.1)$$

を作り，エネルギー最小の変分原理から重ね合わせの係数を最適化して電子相関効果を取り込んだ波動関数とそのエネルギーを求めることができる．これが CI 法[1]であり，ハミルトニアン $\hat{H}$ に対してラグランジュの未定乗数法により，

$$L = \langle \Psi_{CI} | \hat{H} | \Psi_{CI} \rangle - \lambda (\langle \Psi_{CI} | \Psi_{CI} \rangle - 1) \quad (B.2)$$

を係数 a_i および未定乗数 λ について極小化することになる(後者は波動関数 Ψ_{CI} の規格化条件を与える)．このようにして，$\partial L / \partial a_i = 0$ より，問題は行列 $H_{ij} = \langle \Psi_i | \hat{H} | \Psi_j \rangle$ に対する固有値方程式

$$\sum_j H_{ij} a_j = \lambda a_i \quad (B.3)$$

を解くことに帰着される．このように，CI 法の定式化はシンプルだが，考慮する電子数，軌道数の増加とともに計算コストは階乗的に増大するため，通常は(B.1)式の展開をどこかで打ち切った近似計算が行われる[2]．

次に CC 法[3]について述べよう．CC 法は 2.1.3 節で触れた摂動法の高次の補正を(あるタイプに対して)無限次まで足し合わせることを意図した計算手法である．今，HF 波動関数 Ψ_0 を出発点として，これから電子励起状態を作る演算子 $\hat{T} = \hat{T}_1 + \hat{T}_2 + \cdots$ を考える．ここで，$\hat{T}_k$ は HF 波動関数に作用してすべての k 電子励起状態を生成する演算子であり，

$$\hat{T}_1 \Psi_0 = \sum_i^{\text{occ.}} \sum_a^{\text{unocc.}} t_i^a \Psi_i^a, \tag{B.4}$$

$$\hat{T}_2 \Psi_0 = \sum_{i<j}^{\text{occ.}} \sum_{a<b}^{\text{unocc.}} t_{ij}^{ab} \Psi_{ij}^{ab}, \tag{B.5}$$

などのように表される．ここで，Ψ_i^a 等は Ψ_0 から電子励起 $i \to a$ (i は占有軌道，a は非占有軌道)を行ったスレーター行列式を表し，t_i^a 等は(当面未知の)それらの振幅である．このような表記によると，上述の CI 波動関数は $\Psi_{\text{CI}} = (1 + \hat{T})\Psi_0$ のように表される (t_i^a が a_S，Ψ_i^a が Ψ_S に対応等)が，CC 法では波動関数として

$$\Psi_{\text{CC}} = e^{\hat{T}} \Psi_0 \tag{B.6}$$

の形を採用する．このとき，

$$e^{\hat{T}} = \sum_{k=0}^{\infty} \frac{\hat{T}^k}{k!} = 1 + \hat{T}_1 + \left(\hat{T}_2 + \frac{1}{2}\hat{T}_1^2\right) + \left(\hat{T}_3 + \hat{T}_2 \hat{T}_1 + \frac{1}{6}\hat{T}_1^3\right) + \cdots \tag{B.7}$$

であり，例えば 2 次の項では，相互作用する 2 電子が同時に励起される $\hat{T}_2$ に加えて，1 電子励起が二つ独立に起きる状況を表す $\hat{T}_1^2/2$ の寄与も含まれ，CC 波動関数は CI 波動関数と比べて，各次数で励起の disconnected な積からくる付加項を有する形となっている．

CC 波動関数 Ψ_{CC} に対するシュレディンガー方程式

$$\hat{H} e^{\hat{T}} \Psi_0 = E_{\text{CC}} e^{\hat{T}} \Psi_0 \tag{B.8}$$

を解くことで CC 法によるエネルギー E_{CC} が求まるが，これは(B.8)式の左から Ψ_0 を掛けて積分することで，

$$E_{\text{CC}} = \langle \Psi_0 | \hat{H} e^{\hat{T}} | \Psi_0 \rangle \tag{B.9}$$

と表される．このとき，ハミルトニアンには 1, 2 電子演算子しか含まれないことに注意すると，

$$E_{\text{CC}} = \langle \Psi_0 | \hat{H} \left(1 + \hat{T}_1 + \hat{T}_2 + \frac{1}{2}\hat{T}_1^2\right) | \Psi_0 \rangle$$

$$= E_{\text{HF}} + \sum_{i<j}^{\text{occ.}} \sum_{a<b}^{\text{unocc.}} (t_{ij}^{ab} + t_i^a t_j^b - t_i^b t_j^a)(\langle \varphi_i \varphi_j | \varphi_a \varphi_b \rangle - \langle \varphi_i \varphi_j | \varphi_b \varphi_a \rangle) \tag{B.10}$$

と表される.ここで,

$$\langle \varphi_i \varphi_j | \varphi_a \varphi_b \rangle = \int d\boldsymbol{r} \int d\boldsymbol{r}' \varphi_i^*(\boldsymbol{r}) \varphi_j^*(\boldsymbol{r}') \frac{1}{|\boldsymbol{r}-\boldsymbol{r}'|} \varphi_a(\boldsymbol{r}) \varphi_b(\boldsymbol{r}') \tag{B.11}$$

は分子軌道の2電子積分であり,振幅 t_i^a, t_{ij}^{ab} がわかれば相関エネルギー((B.10)式の E_{HF} 以外の部分)を計算することができる.振幅 t_i^a, t_{ij}^{ab} はシュレディンガー方程式(B.8)に電子励起状態のスレーター行列式を左から掛けて積分した

$$\langle \Psi_i^a | \hat{H} e^{\hat{T}} | \Psi_0 \rangle = E_{\text{CC}} \langle \Psi_i^a | e^{\hat{T}} | \Psi_0 \rangle, \tag{B.12}$$

$$\langle \Psi_{ij}^{ab} | \hat{H} e^{\hat{T}} | \Psi_0 \rangle = E_{\text{CC}} \langle \Psi_{ij}^{ab} | e^{\hat{T}} | \Psi_0 \rangle, \tag{B.13}$$

を解くことによって自己無撞着的に決定される.

振幅 t_i^a, t_{ij}^{ab} を決定する上記の方程式系は t_{ijk}^{abc} などのより高次の振幅を次々と含むため,このままでは厳密に解くことはできない.そこで実際には,この連鎖をある次数で断ち切る近似が採用される.例えば,励起演算子 $\hat{T}$ の展開を2次までで止めて $\hat{T} \approx \hat{T}_1 + \hat{T}_2$ と近似すれば,t_i^a, t_{ij}^{ab} に対する閉じた非線形方程式系が得られ,繰り返し法などを用いて解くことができる.この近似をCCSD(Coupled Cluster Singles and Doubles)法と呼び,その計算コストは,基底関数の数の6乗に比例する.さらに3次の励起演算子まで考慮して,$\hat{T} \approx \hat{T}_1 + \hat{T}_2 + \hat{T}_3$ とすれば CCSDT (Coupled Cluster Singles, Doubles and Triples)法となってより高精度となるが,計算コストは基底関数の数の8乗に比例し,実行は困難となる.そこで,3電子励起の効果を摂動的に取り入れる方法がいくつか考案されており,その中の一つ CCSD(T)法は特にコストパフォーマンスに優れ,現在の高精度分子軌道計算の「gold standard」と見なされている[4,5].

なお,上で述べた CC 法におけるシュレディンガー方程式(B.8)より

$$e^{-\hat{T}} \hat{H} e^{\hat{T}} \Psi_0 = E_{\text{CC}} \Psi_0 \tag{B.14}$$

が得られ,これよりエネルギーを

$$E_{\text{CC}} = \langle \Psi_0 | e^{-\hat{T}} \hat{H} e^{\hat{T}} | \Psi_0 \rangle \tag{B.15}$$

と表現することもできる．この式と（波動関数の直交性を用いて得られる）

$$\langle \Psi_i^a | e^{-\hat{T}} \hat{H} e^{\hat{T}} | \Psi_0 \rangle = 0, \tag{B.16}$$

$$\langle \Psi_{ij}^{ab} | e^{-\hat{T}} \hat{H} e^{\hat{T}} | \Psi_0 \rangle = 0, \tag{B.17}$$

を組み合わせることで CC 法の計算を実行することも可能である．このとき，演算子に対するベイカー-キャンベル-ハウスドルフ展開とハミルトニアンが 1, 2 電子演算子のみを含むことを用いて導かれる等式

$$e^{-\hat{T}} \hat{H} e^{\hat{T}} = \hat{H} + [\hat{H}, \hat{T}] + \frac{1}{2}[[\hat{H}, \hat{T}], \hat{T}] + \frac{1}{6}[[[\hat{H}, \hat{T}], \hat{T}], \hat{T}]$$
$$+ \frac{1}{24}[[[[\hat{H}, \hat{T}], \hat{T}], \hat{T}], \hat{T}] \tag{B.18}$$

が有用である．また，CC 法は，二つの分子系 A, B が十分離れているとき，それを合体系として計算しても独立した二つの系として計算しても得られる全エネルギーが一致する，いわゆる size consistency が保証されていること，変分原理に基づいていないため基底エネルギーの上限性が保証されないことなどの特徴も有している．

付録 B 参考文献

[1] F. Jensen, "Introduction to Computational Chemistry", 3rd ed., Wiley, Chichester, UK (2017).
[2] 永瀬茂，平尾公彦，「分子理論の展開」，岩波講座・現代化学への入門 17，岩波書店 (2002).
[3] R. J. Bartlett, M. Musial, Rev. Mod. Phys. **79** (2007) 291.
[4] K. Ragavachari, G. W. Trucks, J. A. Pople, M. Head-Gordon, Chem. Phys. Lett. **157** (1989) 479.
[5] J. D. Watts, J. Gauss, R. J. Bartlett, J. Chem. Phys. **98** (1993) 8718.

付録 C
自由エネルギー差に関する重み付きヒストグラム解析法

3.1.3節で述べたアンブレラ・サンプリング[1]を用いて，反応座標ζの異なる二つの状態間の自由エネルギー差を精度よく求める方法として，**重み付きヒストグラム解析法**(Weighted Histogram Analysis Method ; WHAM)[2]が知られている．以下では，自由エネルギー差を平均力ポテンシャル(PMF) $W(\zeta)$の差として評価することとして，(3.10)式の状態密度$\rho(\zeta)$をシミュレーションによりいかに正確に求めるかという問題を考えることにする．

今，タンパク質などの分子系の状態が反応座標ζの異なる二つの状態間で遷移するとして，異なるバイアス・ポテンシャル$X_i(\zeta)$をかけたアンブレラ・サンプリングMDを多数回($i=1,2,...,N$)実行するとする．このとき，(3.11)式より，各MDで得られる状態密度は反応座標の関数として

$$\rho_i(\zeta) = \exp\{\beta[X_i(\zeta) - \Delta F_i]\} \tilde{\rho}_i(\zeta) \tag{C.1}$$

のように評価される．ここで，$\tilde{\rho}_i(\zeta)$はバイアスをかけたポテンシャル($\tilde{U}_i = U + X_i$)の下での状態密度であり，

$$\exp(\beta \Delta F_i) = \langle \exp[\beta X_i(\zeta')] \rangle_{\tilde{U}_i} \tag{C.2}$$

により定義されるΔF_iはバイアス・ポテンシャル$X_i(\zeta)$に対する自由エネルギーである．

こうして得られるΔF_iは一般に大きな計算誤差をもつので，(C.1)式で評価される状態密度$\rho_i(\zeta)$も大きな誤差を有する．そこで，N回のMDシミュレーションの結果をできるだけ有効に活用して，

$$\rho(\zeta) = \sum_{i=1}^{N} c_i \rho_i(\zeta) \tag{C.3}$$

のように最も適切な(正確な)状態密度を求めたい．そのために選ぶべき各シミュレーションの重みc_iは，$\rho_i(\zeta)$による統計誤差(iによる分散)を最小にする条件から，

$$c_i = \frac{n_i \exp\{-\beta[X_i(\zeta) - \Delta F_i]\}}{\sum_{j=1}^{N} n_j \exp\{-\beta[X_j(\zeta) - \Delta F_j]\}} \tag{C.4}$$

と選べばよいことが知られている[2]．ここで，n_i は i 番目のシミュレーションの長さ(ステップ数)である．したがって，(C.1), (C.3)式より，

$$\rho(\zeta) = \frac{\sum_{i=1}^{N} n_i \tilde{\rho}_i(\zeta)}{\sum_{i=1}^{N} n_i \exp\{-\beta[X_i(\zeta) - \Delta F_i]\}} \tag{C.5}$$

となる．さらに，(C.5)式の ΔF_i を(C.2)式の代わりに

$$e^{-\beta \Delta F_i} = \int d\zeta \rho(\zeta) e^{-\beta X_i(\zeta)} \tag{C.6}$$

のように評価すれば，計算誤差を一層抑えることができると期待される．各 i に対して $X_i(\zeta)$, n_i, $\tilde{\rho}_i(\zeta)$ が与えられたとき，(C.5), (C.6)式は ΔF_i に対する自己無撞着方程式と見なせ，こうして求めた ΔF_i を用いて(C.5)式により $\rho(\zeta)$ を評価し，(3.10)式により $W(\zeta)$ を求めることができる．このようにして，異なる ζ に対する PMF の差が求まり，これを二つの状態間の自由エネルギー差と解釈することができる．

付録C　参考文献

[1]　G. M. Torrie, J. P. Valleau, J. Comput. Phys. **23**(1977)187.
[2]　M. Souaille, B. Roux, Comput. Phys. Commun. **135**(2001)40.

付録 D
反応経路サンプリングの方法

タンパク質のような分子系がある始状態から別の終状態へ構造遷移を起こすとする．このときの反応経路を自由エネルギー最小の状態に沿って求める手法に**反応経路サンプリング**(path sampling)と呼ばれる方法がある[1,2]．これは始状態から終状態までの途中の構造も含めて全体としてサンプリングを行う方法である．

今，始状態から終状態に至る分子系の構造変化を比較的少数の(多くの場合，遅い運動モードに対応する)反応座標で記述するとし，その途中の点 $i = 1, 2, ..., M$ を反応座標上に等間隔で用意する．この操作は例えば，始状態と終状態の構造の線形内挿などにより行う．そして，始状態，終状態とこれら M 個の「代表点」を結んで，反応経路(path)を探索するシミュレーションの初期配置とする(**図 D.1** 参照)．次に，M 個の代表点のそれぞれに対して，その反応座標に束縛する拘束ポテンシャル(通常，調和型ポテンシャル)をかけた MD シミュレーションを行い，アンブレラ・サンプリングの方法により，各代表点の周りの自由エネルギーならびにその勾配を評価する．その計算結果に基

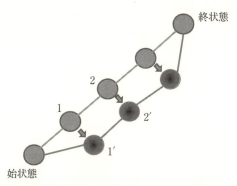

図 D.1 始状態と終状態を結ぶ反応経路サンプリングの概念図．反応座標空間において，$1, 2, ...$ は中間点の初期位置，$1', 2', ...$ はそれらの変形後の位置を表す．

づき，最急降下法などを用いて，$1\to1'$, $2\to2'$ のように自由エネルギーの低下する向きに代表点の反応座標を変化させる（図D.1）．その後，代表点間の反応座標上の距離が均等になるように調整して反応経路を更新する．そして，この操作をすべての代表点が収束して動かなくなるまで繰り返す．こうして，分子系の構造変化に対する自由エネルギー的に最も安定な経路（最小自由エネルギー経路）が求まることになる．

この反応経路サンプリングの方法はストリング(string)法とも呼ばれ，MDシミュレーションをベースにして行うとき各代表点に対して並列計算が可能であり，超並列型スーパーコンピュータを利用した計算と相性がよい．また，酵素反応の量子化学的な解析法として知られている変形弾性バンド（Nudged Elastic Band；NEB）法[3-5]との類似点が多く，NEB法では化学反応の始状態と終状態の間に置いた中間点それぞれに対して隣接する点との間に反応座標を用いた調和型引力ポテンシャルを設定し，それも含めた各中間点のエネルギーが極小となる方向に反応経路を変形させて遷移状態（Transition State；TS）を通るパス（Minimum Energy Path；MEP）を探索する．

付録D　参考文献

[１] L. Maragliano, A. Fischer, E. Vanden-Eijnden, G. Ciccotti, J. Chem. Phys. **125** (2006) 024106.
[２] A. C. Pan, D. Sezer, B. Roux, J. Phys. Chem. B **112** (2008) 3432.
[３] H. Jonsson, G. Mills, K. W. Jacobsen, in "Classical and Quantum Dynamics in Condensed Phase Simulations", edited by B. J. Berne, G. Ciccotti, D. F. Coker, World Scientific, Singapore (1998) p. 385.
[４] G. Henkelman, H. Jonsson, J. Chem. Phys. **113** (2000) 9978.
[５] L. Xie, H. Liu, W. Yang, J. Chem. Phys. **120** (2004) 8039.

付録 E 水のモデルと水素結合

　生体分子系の古典力学的 MD シミュレーションは多くの場合，その周辺に多数の水分子 (H_2O) を配置して実行される．したがって，タンパク質や核酸分子の構造安定性や熱力学，ダイナミクスを議論するうえで水分子のモデルとして合理的なものが採用される必要がある．水分子モデルの開発の歴史は長いが，現在行われている生体分子系のシミュレーションの大部分で，比較的限られたバージョンの水分子モデルが採用されている[1-3]．

　水分子は本来，分子内の振動(対称・非対称の O-H 伸縮モードと H-O-H の変角モード)を有するが，大部分の MD シミュレーションでは主として計算コストの考慮から分子内ボンドの距離と角度を固定した剛体モデルが用いられることが多い．図 E.1 に水分子間の力場を表現するための典型的な 3 点から 5 点モデルを示す．3 点モデルは最もシンプルで，二つの水素(H)原子サイトと一つの酸素(O)原子サイトに全体として中性になるように原子電荷が割り振られる．例えば TIP3P (Transferable Intermolecular Potential 3 Point) モデル[4]では H 原子に 0.417，O 原子に −0.834 の電荷が与えられる．また，O 原子サイトを中心として，二つの H_2O 分子間にレナード・ジョーンズ(Lennard-

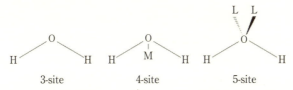

3-site　　　　4-site　　　　5-site

図 E.1 水分子の様々なモデル．3 サイトモデルでは酸素(O)原子位置に負電荷，水素(H)原子位置に正電荷が置かれ，O 原子間に 6-12 レナード・ジョーンズ(LJ)ポテンシャルが働くと仮定される．4 サイトモデルでは負電荷が O サイトではなく M サイトに置かれる(LJ ポテンシャルは 3 サイトモデルと同様)．5 サイトモデルでは負電荷は(孤立電子対を意識した) 2 箇所の L サイトに置かれる(Wikipedia「水モデル」より)．

158 付録 E 水のモデルと水素結合

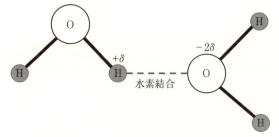

図 E.2 水分子 (H_2O) 間に働く水素結合.

Jones; LJ) 6-12 型の球対称ファン・デル・ワールス・ポテンシャル(遠方で引力,近距離で斥力)が課される.よく用いられる SPC (Simple Point Charge) モデルも同様である.一方,TIP4P などの 4 点モデルでは,負電荷の置き場所を O 原子サイトではなく,酸素原子から HOH 角の二等分線に沿って水素原子の方へずらした位置 (図 E.1 の M サイト) に置いており,これにより氷の融点や液体水の拡散係数の実験値とのよりよい一致が見られる.さらに,孤立電子対を考慮して O 原子サイトから少し離れた二つの場所 (図 E.1 の L サイト) に負電荷を置く 5 点モデルなども提案されている.

物理化学的には,水分子の凝集系で最も重要な相互作用は**水素結合**(**図 E.2**)であると考えられている.電子論の立場から見ると,水素結合の最も重要な要素は静電相互作用であり,二つの水分子間には O と H の分極による電気双極子相互作用が働くと見ることができる.しかしながら,水素結合のドナー側の共有結合した O–H とアクセプター側の O の間では相対距離や方向に応じた電荷移動や誘導分極の効果もあり,さらに,中間のプロトンの位置の(量子力学的な)ゆらぎもエネルギー的な安定化に寄与していると考えられ,全体のエナジェティクスは方向性を持ち,複雑である.上記の力場モデルではこれらをすべて点電荷間の静電相互作用と O サイト間の LJ 相互作用で表現しようとしており,計算コストの削減を図るにしても,場合によっては様々な限界や不備が現れると予想される.そのため,原子核の位置以外に電荷を置くだけでなく,電荷のゆらぎや多重極モーメントを考えるなどして分極効果を取り入れるモデルや,分子内の構造変形を考慮する(flexible)モデルなどの様々な拡張が試みられている.また,生体分子を含めた重要な水素結合を記述するために,特定

の相互作用に 10-12 型の短距離 LJ ポテンシャルを割り当てることもある[3]．

いったん水分子のモデルが与えられれば，水系に対する MD シミュレーションを実行することで相関関数，熱力学量，輸送係数などを求めることができる[5,6]．また，積分方程式の手法[5,7,8]などを用いることで，近似的にではあれ静的な物理量を統計平均として簡便に求めることも可能である．これらを実験値と比較検討する場合に注意すべき点は，上で述べたような水分子の力場モデルは，それを用いて古典力学的な MD シミュレーションを行った場合に，その計算結果が対応する実験値と整合するようにパラメターが調整されていることで，その意味で第一原理的というよりはむしろ半経験的である．そのため，「最適」なパラメターは水分子に対する電子状態計算から導かれるものとは必ずしも一致せず，また，例えば上記のモデルでプロトンなどの原子核を量子力学的に扱ったシミュレーションを経路積分法などを用いて行うと，物理量の計算値はむしろ実験値からずれてしまう．しかしながら，多数の水分子を含んだ系に対して電子状態も原子核の量子効果もすべて取り入れた第一原理シミュレーションを統計力学的に実行することは現時点ではまだ困難である[9,10]．

付録 E 参考文献

[1] A. R. リーチ著，江崎俊之訳，「分子モデリング概説-量子力学からタンパク質構造予測まで」，地人書館(2004)．
[2] 神谷成敏，肥後順一，福西快文，中村春木，「タンパク質計算科学-基礎と創薬への応用」，共立出版(2009)．
[3] F. Jensen, "Introduction to Computational Chemistry", 3rd ed., Wiley, Chichester, UK (2017).
[4] W. L. Jorgensen, J. Chandrasekhar, J. D. Madura, R. W. Impey, M. L. Klein, J. Chem. Phys. **79** (1983) 926.
[5] J.-P. Hansen, I. R. McDonald, "Theory of Simple Liquids", 3rd ed., Academic Press, London (2006).
[6] P. Mark, L. Nilsson, J. Phys. Chem. A **105** (2001) 9954.
[7] H. Sato, Phys. Chem. Chem. Phys. **15** (2013) 7450.
[8] S. Tanaka, M. Nakano, Chem. Phys. **430** (2014) 18.

[9] T. Fujita, H. Watanabe, S. Tanaka, J. Phys. Soc. Jpn. **78**, No. 10 (2009) 104723.
[10] T. Fujita, S. Tanaka, T. Fujiwara, M. Kusa, Y. Mochizuki, M. Shiga, Comput. Theor. Chem. **997** (2012) 7.

索　引

あ
アクセプター……………………121, 130
アゴニスト………………………………110
圧力制御……………………………………62
アミノ酸……………………………………37
α ヘリックス………………………………48
　　　——構造……………………………49
アンサンブルドッキング……………104
アンタゴニスト…………………………110
アンテナ色素……………………………133
アンフィンゼンの原理…………………68
アンブレラ・サンプリング…40, 153, 155

い
一重項……………………………………123
1 電子演算子………………………………13
1 電子積分…………………………………13
一般化固有値問題…………………………66
一般化されたボルンモデル……………54
一般化されたマスター方程式
　………………………………120, 121, 130
インシリコ・スクリーニング………103
インシリコ創薬……………………………99
インフルエンザウイルス………………27

う
ヴァーチャル・スクリーニング……103
ウォーカー…………………………………92

え
エヴァルトの方法………………………57
ATP 加水分解反応………………………83
ATP 合成酵素………………79, 117, 118
エキシトン（励起子）………7, 117, 121
エストロゲン（女性ホルモン）受容体 α
　（ER α）…………………………………107
X 線結晶構造解析…………………99, 117

NP 困難……………………………………145
エネルギーギャップ……………127, 129
エポキシ化………………………………140
MD 専用計算機……………………………6
エルゴード性………………………40, 44
塩基…………………………………………37
エンタルピー…………………………104, 114
エンタルピー・エントロピー補償…109
エンタングルメント……………117, 145
エントロピー………………92, 104, 114

お
重み付きヒストグラム解析法……41, 153
オンサーガーモデル………………………52
温度制御……………………………………61

か
階層構造……………………………………4
階層性………………………………………4
ガウス型軌道……………………………147
化学結合（ボンド）………………45, 46
化学的精度…………………………………28
核酸……………………………………5, 37
拡散係数……………………………………90
拡散モンテカルロ法………………………92
核振動波動関数…………………………125
拡張圧力結合系法…………………………63
確率微分方程式……………………………91
核量子効果…………………………127, 129
化合物ライブラリー……………100, 103
重なり行列…………………………………14
カスプ条件………………………………147
カノニカル・アンサンブル……………41
カノニカル分布……………………………62
カルビン回路……………………117, 118
感染特異性…………………………………28
緩和ダイナミクス…………………………90

161

索引

緩和モード解析··················67

き

記憶核··················121,130
記憶関数··················75
記憶効果··················132
機械学習··················96,113
キサントフィルサイクル··········140
基準振動解析··················64
基準振動モード··················85
基底関数··················14,147
基底状態··················11,122
軌道エネルギー行列··················14
ギブスの自由エネルギー··········51
逆格子ベクトル··················57
吸収スペクトル··················128
球面調和関数··················147
キュムラント展開··················126
教師なし機械学習··················111
鏡像··················57
局所密度近似··················20
虚時間シュレディンガー方程式····90,91

く

空洞形成項··················55
クーロン演算子··················14
クーロン積分··················13
組み合わせ爆発··········68,96,145
クラスタリング··········106,110,111
くりこみ··········4,74,84,137
くりこみ群··················86
　　──方程式··················87
　　　密度行列──··················139
クロロフィル··················133

け

蛍光誘導現象··················137
経路積分··················91
結合エンタルピー··················113
結合クラスター法··········18,149,150
結合自由エネルギー··········33,100
結合親和性··················103,113
結合ポケット··················100
原子軌道··················147
原始 GTO··················147
原子単位··················21
原子電荷··················49

こ

光化学系Ⅰ··················133
光化学系Ⅱ··················118,133
交換演算子··················14
交換子··················121
交換積分··················13
交換斥力··················50,109
交換相関エネルギー··················19
交換相関ポテンシャル··········19
抗原··················30
光合成系··················117
光合成シミュレーション··········117
光合成シミュレータ··········139
光ストレス··················140
構造最適化··················17,106
構造生物学··················1
構造ベース創薬(薬剤設計)········99,103
構造ゆらぎ··················113,117
高速フーリエ変換··················57
拘束ポテンシャル··················155
酵素反応··················75
抗体··················27,30,114
剛体モデル··················157
光捕集アンテナ··················117
光誘起反応··················118
Go(郷)モデル··········7,78,79
　　スイッチング──··················80
コーン-シャム軌道··················19
コーン-シャム方程式··········19
50% 結合阻害濃度··········104
固有周波数··················85
固有振動モード··················84

索引

コンドン近似……………………128

さ

最急降下法…………………………156
最高占有軌道………………………123
最小自由エネルギー経路…………156
最低非占有軌道……………………123
再配置エネルギー……………126,129
散逸効果………………………………84
酸解離定数……………………………58
三重項………………………………123
酸素発生型光合成…………………133
酸素発生複合体…………………133,134

し

時間階層的粗視化…………………134
時間構造に基づいた独立成分分析……65
時間相関関数………………………127
時間的階層性………………………119
時間発展演算子………………………91
試行波動関数………………………149
自己組織化マップ法………………111
システム生物学……………………7,95
システム的アプローチ…………………7
シトクロム b_6/f 複合体……118,133
射影演算子………………………22,74,121
────法………………………75,121
自由エネルギー…………………38,92
────最小………………………155
────摂動法……………………39
周期的境界条件………………………56
自由度の削減…………………………74
主鎖…………………………………49,67
主成分解析……………………………64
シュレディンガー方程式…5,11,21,150
────虚時間──…………90,91
詳細釣り合い……………………43,127
情報……………………………………1
情報圧縮………………………………96
情報科学……………………………143

情報伝達ネットワーク………………95
消滅演算子…………………………124
真空状態……………………………123
人工知能…………………………96,113
深層学習(ディープラーニング)…96,146
振電波動関数………………………122
振電ハミルトニアン………………120

す

水素結合…………………50,157,158
スイッチング Go モデル………………80
スーパーコンピュータ………………6
スケーリング法………………………62
スコア関数…………………………103
ステート遷移………………………140
ストリング法………………………156
スピン…………………………………11
────座標……………………………12
────波動関数………………………12
スペクトル密度……………………126
スレーター型軌道…………………147
スレーター行列式……………………11

せ

正準(カノニカル)集団………………61
生成演算子…………………………123
静電環境ポテンシャル………………22
静電(クーロン)項……………………46
生命現象………………………………1
生命シミュレーション……………143
生命情報科学(バイオインフォマティクス)…………………………………2,143
生命の起源…………………………144
積分方程式の手法…………………159
摂動法……………………………16,85
遷移状態……………………………156
線形化 PB 方程式……………………55
全原子モデル…………………44,144
占有分子軌道…………………………16
占有密度……………………………121

全溶媒接触可能表面積 …………… 56

そ
相関エネルギー ………………… 151
相関関数 ………………………… 159
創発 …………………………… 4, 145
速度スケーリング法 ……………… 61
粗視化 …………………………… 3, 73
粗視化力場 ……………………… 77, 78
疎水性 …………………………… 30
　　──アミノ酸 ………………… 31
　　──残基 …………………… 50

た
第一原理 ………………………… 5
代謝反応 ………………………… 95
第二量子化 …………………… 123
ダイマー es 近似 ………………… 24
多次元尺度法 ………………… 111
多重極モーメント …………… 158
多体平均力ポテンシャル ……… 78
タンパク質 ……………………… 5
　　──フォールディング … 68, 94

ち
地球シミュレータ …………… 30, 33
チトクローム P450 …………… 102
超分子計算 ……………………… 28
超並列計算 ……………………… 26
チラコイド膜 ………………… 118

て
ディープラーニング ………… 96, 146
ディラック方程式 ………………… 5
定量的構造活性相関 ……………… 99
データサイエンス ……………… 96
デクスターの公式 …………… 129
電気双極子 ……………………… 52
電子移動 …………………… 120, 129
電子結合定数 ………………… 129
電子状態 ………………………… 11
電子相関エネルギー …………… 15
テンソル ……………………… 145
天然状態 ……………………… 68, 80
伝播関数 ………………………… 91

と
等温圧縮率 ……………………… 63
統計演算子 …………………… 120
凍結されたガウシアンモデル … 125
糖鎖 ……………………………… 27
動的全球植生モデル ………… 119
特異値分解 …………………… 111
ドッキング・シミュレーション … 103
トップダウン …………………… 3
ドナー …………………… 121, 130
トラジェクトリー ……………… 38
トレース ……………………… 121

な
内部エネルギー ………………… 92

に
二酸化炭素固定 ……………… 118
2 状態遷移 ………… 120, 122, 130
2 電子演算子 …………………… 14
2 電子積分 ………………… 13, 151
二面角ポテンシャル …………… 46, 47
ニュートンの運動方程式 ……… 5, 38

ね
ネゲントロピー ………………… 94
熱力学サイクル ………… 100, 101
熱力学積分法 …………………… 39

の
ノイラミニダーゼ ……………… 33
能勢-フーバー法 ………………… 61

索引

は

- ハートリー-フォックエネルギー………15
- ハートリー-フォック近似…………12
- ハートリー-フォック法……………11
- ハートリー-フォック方程式………13
- バイアス・ポテンシャル…………40
- バイオインフォマティクス………2, 143
- 配置間相互作用法………………18, 149
- ハイブリッド汎関数………………20
- パスサンプリング法………………44
- バッキンガム・ポテンシャル……47
- 発光スペクトル……………………128
- ハミルトニアン……………………2, 11
  - 振電——……………………120
- パンデミック………………………27
- 反応経路………………………77, 155
- 反応経路サンプリング……………155
- 反応座標……………40, 127, 153, 155
- 反応速度定数…………………7, 95
- 反応速度方程式……………………127
- 反応ネットワーク…………………95
- 反応場………………………………52

ひ

- 非結合相互作用……………………46
- 非コンドン効果……………127, 129
- ヒスチジン…………………………58
- 非占有分子軌道……………………16
- 非弾性効果…………………………127
- 非弾性トンネル効果………………129
- ビッグデータ………………………96
- ヒット化合物………………………100
- 非平衡開放系………………………1, 3
- 非平衡緩和過程……………………94
- 非平衡熱力学………………………90
- 標的タンパク質……………………100

ふ

- ファン・デル・ワールス項……46, 47, 50
- ファン・デル・ワールス・ポテンシャル
  ………………………………………158
- ファン・デル・ワールス力………17
- フェオフィチン……………………133
- フェルスターの公式………………129
- フェルミ共鳴………………………84
- フェルミ粒子………………………11
- フォールディング………………6, 78
  - タンパク質——……………68, 94
- フォッカー-プランク方程式………90
- フォック演算子……………………13
- フォック行列………………………14
- フォノン……………………………120
- 複雑系………………………………143
- フラグメント間相互作用エネルギー
  ……………………………………24, 108
- フラグメント分子軌道法……20, 112
- プラストキノン……………………133
- プロトン化状態……………………58
- プロトン勾配………………………118
- フロンティア軌道……………139, 140
- 分極効果……………………………158
- 分散共分散行列………………64, 66
- 分散力……………………17, 46, 50, 109
- 分子軌道(MO)…………………11, 127
- 分子軌道係数行列…………………14
- 分子軌道法………………………11, 127
- 分子夾雑効果………………………96
- 分子振動……………………………120
- 分子動力学(MD)法……6, 37, 38, 127
- 分子内振動エネルギー移動………84
- 分子認識………………………27, 113
- 分子標的薬…………………………99
- 分子論………………………………143
- 分配関数……………………………38

へ

- ベイカー-キャンベル-ハウスドルフ展開
  ……………………………………152
- 閉殻電子構造………………………11
- 平均場近似…………………………15

索引

平均力ポテンシャル……………40,153
βシート………………………………48
βストランド…………………………47
ベネット受容比法………………40,105
ヘマグルチニン………………………27
ヘルムホルツの自由エネルギー…38,51
変異予測………………………………30
変形弾性バンド法…………………156

ほ
ポアソン-ボルツマン方程式…………55
ホーエンベルク-コーンの定理………18
ポープル型基底関数………………147
ポストHF……………………………149
ボトムアップ……………………………3
ボトムアップ・アプローチ……………2
ホモロジーモデリング……………103
ボルツマン分布…………………90,91
ボルン-オッペンハイマー近似……5,45
ボルンモデル…………………………52

ま
マーカスの公式……………………129
マスター方程式………………………95
マリケン電荷……………………24,49
マルコフ状態モデル…………………94
マルチカノニカル法……………41,42
マルチスケール……………………119
　　——シミュレーション……4,132
マンガンクラスター……………118,133

み
ミオグロビン…………………………84
水分子モデル………………………157
密度演算子…………………………120
密度行列………………………………22
密度行列くりこみ群………………139
密度汎関数法（DFT）………………18

め
メトロポリス判定……………………43
メモリーカーネル（記憶核）……121,130
メモリー効果………………………127
メラー-プレセットの2次摂動法
　　……………………………17,25

も
モンテカルロ法………………………38
　　拡散————…………………………92
　　量子————…………………………20

や
薬剤耐性………………………………33

ゆ
輸送係数……………………………159

よ
要素還元主義…………………………3
要素還元論…………………………143
揺動散逸関係…………………………90
揺動力…………………………62,75,90
溶媒効果………………………51,56,129
溶媒接触可能表面積……………56,107
溶媒和自由エネルギー………………51
葉緑体………………………………117

ら
ラグランジュの未定乗数法……13,149
ラプラス変換………………………130
ランジュバン熱浴法…………………62
ランジュバン方程式…………………90

り
リード化合物………………………100
リウヴィル-フォンノイマン方程式
　　…………………………………121
リガンド結合自由エネルギー……114
リガンドドッキング…………………94

リガンドベースの薬剤設計…………99
力場………………………………5,44
リザボア……………………………120
　　──相関関数…………122,125
粒子メッシュ・エヴァルト法………57
量子………………………………145
量子計算機………………………145
量子コヒーレンス……………117,127
量子コンピューティング……………96
量子システム生物学………118,144
量子生命科学……………………146
量子補正…………………………127
量子モンテカルロ法…………………20
緑色硫黄細菌……………………132

れ
励起エネルギー移動………………120

励起子(エキシトン)…………7,117,121
励起状態……………………122,149
レヴィンタールのパラドックス………68
レナード・ジョーンズ型………………47
レナード・ジョーンズ項…………46,50
レナード・ジョーンズ(LJ)ポテンシャル
　………………………………………157
レナード・ジョーンズ 6-12 型………157
レプリカ交換分子動力学法…………43
レプリカ交換法………………………43
連続誘電体モデル……………………51

ろ
ローターンの方法……………………14
ローターン方程式……………………15

欧字先頭索引

A
ADME ····· 102
AI ····· 96, 113
AMBER ····· 45
Anton ····· 68
ATP ····· 79, 118
　——加水分解反応 ····· 83
　——合成酵素 ····· 79, 117, 118

B
BAA(Bond Attached Atom) ····· 22
BAR 法 ····· 40, 105
BDA(Bond Detached Atom) ····· 22
bonding ····· 46

C
cc(correlation consistent)基底 ····· 148
CC(Coupled Cluster)法 ····· 18, 149, 150
CCSD(T)近似 ····· 47
CCSD(T)法 ····· 151
CCSDT 法 ····· 151
CCSD 法 ····· 151
CDK2 ····· 106
CGTO ····· 147
CH-π 相互作用 ····· 50
CHARMM ····· 45
CI(Configuration Interaction)法 ····· 18, 149
coarse graining ····· 3, 73
COSMO(Conductor-like Screening Model)法 ····· 54

D
DFT ····· 18
DGVM ····· 119
diffuse 関数 ····· 147
DMC 法 ····· 92

DMRG ····· 139
DNA ····· 37
DZ(Double Zeta) ····· 148

E
Eisenberg-McLachlan のモデル ····· 56
ERα ····· 107
esp-aoc 近似 ····· 24
esp-ptc 近似 ····· 24
explicit モデル ····· 51

F
F_1-ATP アーゼ ····· 79
FEP 法 ····· 39
FFT(Fast Fourier Transform) ····· 57
FMO-IFIE ····· 26, 106
FMO-LCMO 法 ····· 140
FMO(Fenna-Matthews-Olson)タンパク質 ····· 132
FMO(Fragment Molecular Orbital)法 ····· 20, 112
　——データベース ····· 112
FMO2 法 ····· 20, 21
FMO3 法 ····· 25, 26
FMO4 法 ····· 25, 26, 113

G
GB(Generalized Born)モデル ····· 54
GME ····· 120, 121, 130
Go モデル ····· 7, 78, 79, 80
GROMOS ····· 45
GTO ····· 147

H
HA ····· 27
HF(Hartree-Fock)近似 ····· 12
HOMO ····· 123

I

- IC_{50} ……………………………………… 104
- IFIE ……………………………………… 24, 108
- ——和 ……………………………………… 109
- implicit モデル ……………………………………… 51
- *in silico* ……………………………………… 99

K

- Kok サイクル ……………………………………… 134

L

- LBDD ……………………………………… 99
- LDA ……………………………………… 20
- LJ6-12 型 ……………………………………… 158
- LUMO ……………………………………… 123

M

- MARTINI 力場 ……………………………………… 78
- MC(Monte Carlo)法 ……………………………………… 38
- MD(Molecular Dynamics)法
  ……………………………………… 6, 37, 38, 127
- MDL MACCS キー ……………………………………… 110
- MDS 法 ……………………………………… 111
- MD 専用計算機 ……………………………………… 6
- ML ……………………………………… 96, 113
- MO 法 ……………………………………… 11, 127
- MP2 法 ……………………………………… 17, 25
- MPI ……………………………………… 26

N

- NA ……………………………………… 33
- NADPH ……………………………………… 118
- NEB(Nudged Elastic Band)法 …… 77, 156

O

- OEC ……………………………………… 133, 134
- OpenMP ……………………………………… 26
- OPLS ……………………………………… 45

P

- p38 ……………………………………… 104
- path ……………………………………… 77, 155
- path sampling ……………………………………… 155
- PB(Poisson-Boltzmann)方程式 ……… 55
- PCA ……………………………………… 64
- PCM(Polarizable Continuum Model)
  ……………………………………… 53
- PDB(Protein Data Bank) …… 7, 103, 106
- *pH* ……………………………………… 58
- PIEDA(Pair Interaction Energy Decomposition Analysis) ………… 26, 108, 109
- π-π 相互作用 ……………………………………… 50
- pK_a ……………………………………… 58
- PME(Particle Mesh Ewald)法 ……… 57
- PMF(Potential of Mean Force)
  ……………………………………… 40, 78, 153
- polarization 関数 ……………………………………… 148
- primitive(原始)GTO(PGTO) ……… 147
- ProteinDF ……………………………………… 20
- PS I (Photosystem I) ……………………………………… 133
- PS II (Photosystem II) ……………………………………… 118, 133

Q

- QM/MM 法 ……………………………………… 75, 76
- QSAR ……………………………………… 99

R

- RESP (Restrained Electrostatic Potential)電荷 ……………………………………… 49
- RNA ……………………………………… 37

S

- SASA ……………………………………… 56, 107
- SBDD ……………………………………… 99, 103
- size consistency ……………………………………… 152
- SOM 法 ……………………………………… 111
- SPC ……………………………………… 158
- split valence ……………………………………… 147
- STO ……………………………………… 147

supermolecule 計算 ……………28

T
tICA ……………………………65
TIP3P ……………………69, 104, 157
TIP4P …………………………158
TI 法 ……………………………39
TS ………………………………156

TZ (Triple Zeta) ………………147

V
VISCANA ………………………109

W
WHAM (Weighted Histogram Analysis Method) ……………………41, 153

MSET: Materials Science & Engineering Textbook Series

監修者

藤原　毅夫　　　藤森　淳　　　勝藤　拓郎
東京大学名誉教授　東京大学教授　早稲田大学教授

著者略歴

田中　成典（たなか　しげのり）
1959年　鳥取県生まれ
1982年　東京大学理学部物理学科卒業
1986年　東京大学大学院理学系研究科物理学専攻博士課程修了（理学博士）
1986年　日本学術振興会特別研究員
1987年　東京大学理学部助手
1989年　東芝総合研究所基礎研究所研究員
1995年　カリフォルニア工科大学ノイス化学物理学研究所客員研究員
1998年　東芝研究開発センター新機能材料デバイスラボラトリー主任研究員
2001年　科学技術振興事業団計算科学技術活用型特定研究開発推進事業
　　　　（ACT-JST）「DNAのナノ領域ダイナミクスの第一原理的解析」研究代表者
2004年　神戸大学大学院自然科学研究科地球惑星システム科学専攻教授
2004年　科学技術振興機構（JST）戦略的創造研究推進事業（CREST）
　　　　「フラグメント分子軌道法による生体分子計算システムの開発」研究代表者
2007年　神戸大学大学院人間発達環境学研究科人間環境学専攻教授
2009年　神戸大学大学院工学研究科情報知能学専攻教授
2010年　神戸大学大学院システム情報学研究科計算科学専攻教授

2018年12月25日　第1版発行

検印省略

物質・材料テキストシリーズ

計算分子生物学
物質科学からのアプローチ

著　者 ©田　中　成　典
発行者　内　田　　学
印刷者　馬　場　信　幸

発行所　株式会社　内田老鶴圃　〒112-0012　東京都文京区大塚3丁目34番3号
　　　　　　　　　　　　　　　電話（03）3945-6781（代）・FAX（03）3945-6782
　　　　　　　　　　　　　　　　　　　　　　印刷・製本／三美印刷 K.K.
http://www.rokakuho.co.jp/

Published by UCHIDA ROKAKUHO PUBLISHING CO., LTD.
3-34-3 Otsuka, Bunkyo-ku, Tokyo, Japan
ISBN 978-4-7536-2313-6 C3042　　　　　U. R. No. 645-1

物質・材料テキストシリーズ　藤原 毅夫・藤森 淳・勝藤 拓郎 監修

共鳴型磁気測定の基礎と応用　高温超伝導物質からスピントロニクス，MRIへ
北岡 良雄 著　A5・280頁・本体4300円　ISBN978-4-7536-2301-3

物質・物性・材料の研究において学際的・分野横断的な新しいサイエンスを切り拓く可能性を秘める共鳴型磁気測定について，その基礎概念の理解と応用展開をできるだけやさしく，分かりやすく，連続性を保ちながら執筆したテキスト．
はじめに／共鳴型磁気測定法の基礎／共鳴型磁気測定から分かること（Ⅰ）：NMR・NQR／NMR・NQR 測定の実際／物質科学への応用：NMR・NQR／共鳴型磁気測定から分かること（Ⅱ）：ESR／共鳴型磁気測定法のフロンティア

固体電子構造論　密度汎関数理論から電子相関まで
藤原 毅夫 著　A5・248頁・本体4200円　ISBN978-4-7536-2302-0

量子力学と統計力学および物質の構造に関する初歩的知識で，物質の電子構造を自分で考えあるいは計算できるようになることを目的としている．電子構造の理解，そして方法論開発へ前進するに必携の書である．
結晶の対称性と電子の状態／電子ガスとフェルミ液体／密度汎関数理論とその展開／1電子バンド構造を決定するための種々の方法／金属の電子構造／正四面体配位半導体の電子構造／電子バンドのベリー位相と電気分極／第一原理分子動力学法／密度汎関数理論を超えて

シリコン半導体　その物性とデバイスの基礎
白木 靖寛 著　A5・264頁・本体3900円　ISBN978-4-7536-2303-7

シリコン半導体の物性とデバイスの基礎を中心に詳述しているが，半導体に関する重要事項も網羅する．
はじめに／シリコン原子／固体シリコン／シリコンの結晶構造／半導体のエネルギー帯構造／状態密度とキャリア分布／電気伝導／シリコン結晶作製とドーピング／pn接合とショットキー接合／ヘテロ構造／MOS構造／MOSトランジスタ（MOSFET）／バイポーラトランジスタ／集積回路（LSI）／シリコンパワーデバイス／シリコンフォトニクス／シリコン薄膜デバイス

固体の電子輸送現象　半導体から高温超伝導体まで　そして光学的性質
内田 慎一 著　A5・176頁・本体3500円　ISBN978-4-7536-2304-4

物理学の基礎を学んだ学生にとって固体物理学でわかりにくい事柄，従来の固体物理学の講義や市販の専門書に対して学生が感じる物足りなさなどについて，学生，院生から著者が得た多くのフィードバックを反映．
はじめに：固体の電気伝導／固体中の「自由」な電子／固体のバンド理論／固体の電気伝導／さまざまな電子輸送現象／固体の光学的性質／金属の安定性・不安定性／超伝導

強誘電体　基礎原理および実験技術と応用
上江洲 由晃 著　A5・312頁・本体4600円　ISBN978-4-7536-2305-1

著者自身が強誘電体の実験的研究に取り組んできたことから，その経験に基づき実験の記述により比重を置いていることが本書の大きな特徴である．
Ⅰ．均一系としての強誘電体とその関連物質－誘電体と誘電率／代表的な強誘電体とその物性／強誘電体の現象論／特異な構造相転移を示す誘電体／強誘電相転移とソフトフォノンモード／強誘電体の統計物理／強誘電体の量子論 第1原理計算によるアプローチ／強誘電性と磁気秩序が共存する物質 マルチフェロイック物質／強誘電体の基本定数の測定法 電気的測定／強誘電体の基本定数の測定法 回折実験，光学実験，分域構造観察法／強誘電体のソフトモードの測定法　Ⅱ．不均一系としての強誘電体とその関連物質－リラクサー強誘電体／分域と分域壁／強誘電性薄膜　Ⅲ．強誘電体の応用－強誘電体の応用

先端機能材料の光学　光学薄膜とナノフォトニクスの基礎を理解する
梶川 浩太郎 著　A5・236頁・本体4200円　ISBN978-4-7536-2306-8

本書は，今後さらなる発展が見込まれる先端光学材料を学んだり研究したりする際に避けて通ることができない光学について，第一線で活躍する著者が一冊にまとめた書である．材料の光学応答の考え方や計算方法も詳述．
等方媒質中の光の伝搬／異方性媒質中の光の伝搬／非線形光学効果／構造を利用した光機能材料／光学応答の計算手法

表示価格は税別の本体価格です．　　http://www.rokakuho.co.jp/

結晶学と構造物性 入門から応用，実践まで
野田 幸男 著　A5・320頁・本体4800円　ISBN978-4-7536-2307-5

結晶学を基礎から平易にきっちりと解説し，他書を参考とする必要がないよう充分に内容を吟味，検討して執筆されており，結晶学に初めて接する学生の入門コース，大学院生のテキストとして最適であるだけでなく，装置を駆使して構造解析を行う第一線の研究者，技術者にも新たな切り口を示す内容となっている。

結晶のもつ対称性／第一種空間群（シンモルフィックな空間群）／結晶の物理的性質と対称性／第二種空間群と磁気空間群／X線回折／中性子回折／回折実験の実際と構造解析／相転移と構造変化／結晶・磁気構造解析の例

遷移金属酸化物・化合物の超伝導と磁性
佐藤 正俊 著　A5・268頁・本体4500円　ISBN978-4-7536-2308-2

本書は，特に高温超伝導体系やその関連系を例に取り上げて，重要な物性現象がいかに抽出されたか，従来の知識がどう生かされてきたかを詳述して，今後必要となる洞察力の涵養を目指すものである。

固体電子論の進展／BCS理論の超伝導／exotic超伝導探索（銅酸化物以前）／遷移金属酸化物の電子構造／銅酸化物高温超伝導体／多軌道系の超伝導／高温超伝導研究以後の物質科学の展開

酸化物薄膜・接合・超格子 界面物性と電子デバイス応用
澤 彰仁 著　A5・336頁・本体4600円　ISBN978-4-7536-2309-9

半導体物理のモデル・理論をベースに，機能発現の舞台である各種接合界面の電子状態・バンド構造を説明し，それに続いて，酸化物接合界面の特徴と，そのデバイス応用の研究例を紹介する。

薄膜作製・評価・微細加工技術／酸化物薄膜成長／酸化物ダイオード／酸化物トンネル接合／酸化物超格子と2次元電子系／酸化物電界効果トランジスタ／酸化物薄膜の不揮発性メモリ応用

基礎から学ぶ強相関電子系 量子力学から固体物理，場の量子論まで
勝藤 拓郎 著　A5・264頁・本体4000円　ISBN978-4-7536-2310-5

基礎知識をあまり前提とせず強相関電子系を解説することを試みており，また量子力学と統計力学，固体物理は全く知らないものと仮定している。初学者ができるかぎり「読めばわかる」よう，著者が工夫を凝らして書き下ろした入門書である。

電気伝導／局在モデルから遍歴電子，多電子系へ／一電子系の量子力学／スピンと磁性・相転移／振動と波動の量子論／多電子系と第二量子化／遷移金属化合物の電子状態と物性／対称性／光学測定

熱電材料の物質科学 熱力学・物性物理学・ナノ科学
寺崎 一郎 著　A5・256頁・本体4200円　ISBN978-4-7536-2311-2

熱電変換，特に熱電材料の研究に参入しようとする非専門家のための初等的教科書である。熱電変換を支える物性物理学に重心をおいた体系を初学者に伝える。

熱電変換技術／熱電素子の熱力学／固体の電子状態／格子振動／熱電材料の設計指針／熱電半導体／非従来型の熱電材料／ナノ構造による性能向上

酸化物の無機化学 結晶構造と相平衡
室町 英治 著　A5・320頁・本体4600円　ISBN978-4-7536-2312-9

物質・材料の研究開発を進めるうえで最初の難問である複雑な結晶構造を理解するために必要な結晶化学について丁寧に説明し，高品質な試料を合成するためのプロセスを検討する際に備えておきたい相平衡の概念についても著者の豊富な経験を基に分かりやすく的確に記す。

はじめに／酸化物の結晶構造の成り立ち／基本的な酸化物の構造と機能／ケイ酸塩／ホモロガス物質群／酸化物系の相平衡／酸化物の合成／ソフト化学法による準安定酸化物の合成

計算分子生物学 物質科学からのアプローチ
田中 成典 著　A5・184頁・本体3500円　ISBN978-4-7536-2313-6

物質科学に関する物理学・化学の知見を基礎として，いわゆる分子生物学の対象を理論計算的な手法で解析・記述することの初学者（ならびに異分野の専門家）への導入を目指したテキストである。

はじめに：計算分子生物学とは／量子化学の基礎と展開／古典力学的分子シミュレーション／粗視化シミュレーション／応用例Ⅰ：構造ベース創薬／応用例Ⅱ：光合成系／おわりに：計算生命科学の統合シミュレーションに向けて

強相関物質の基礎 原子，分子から固体へ
藤森 淳 著 A5・268頁・本体3800円

材料物理学入門
結晶学，量子力学，熱統計力学を得得する
小川 恵一 著 A5・304頁・本体4000円

固体の磁性 はじめて学ぶ磁性物理
Blundell著／中村 裕之 訳 A5・336頁・本体4600円

磁 性 入 門 スピンから磁石まで
志賀 正幸 著 A5・236頁・本体3800円

材料科学者のための固体物理学入門
志賀 正幸 著 A5・180頁・本体2800円

材料科学者のための固体電子論入門
エネルギーバンドと固体の物性
志賀 正幸 著 A5・200頁・本体3200円

材料科学者のための電磁気学入門
志賀 正幸 著 A5・240頁・本体3200円

材料科学者のための量子力学入門
志賀 正幸 著 A5・144頁・本体2400円

材料科学者のための統計熱力学入門
志賀 正幸 著 A5・136頁・本体2300円

遷移金属のバンド理論
小口 多美夫 著 A5・136頁・本体3000円

バンド理論 物質科学の基礎として
小口 多美夫 著 A5・144頁・本体2800円

金属電子論 上・下
水谷 宇一郎 著
上：A5・276頁・本体3200円
下：A5・272頁・本体3500円

ヒューム・ロザリー電子濃度則の物理学
FLAPW-Fourier理論による電子機能材料開発
水谷 宇一郎・佐藤 洋一 共著 A5・248頁・本体6000円

金属電子論の基礎 初学者のための
沖 憲典・江口 鐵男 著 A5・160頁・本体2500円

金属物性学の基礎 はじめて学ぶ人のために
沖 憲典・江口 鐵男 著 A5・144頁・本体2500円

材料設計計算工学 計算熱力学編
CALPHAD法による熱力学計算および解析
阿部 太一 著 A5・208頁・本体3200円

材料設計計算工学 計算組織学編
フェーズフィールド法による組織形成解析
小山 敏幸 著 A5・156頁・本体2800円
TDBファイル作成で学ぶ

カルファド法による状態図計算
阿部 太一 著 A5・128頁・本体2500円

材料電子論入門
第一原理計算の材料科学への応用
田中 功・松永 克志・大場 史康・世古 敦人 共著
A5・200頁・本体2900円

X線構造解析 原子の配列を決める
早稲田 嘉夫・松原 英一郎 著 A5・308頁・本体3800円

湿式プロセス 溶液・溶媒・廃水処理
佐藤 修彰・早稲田 嘉夫 編 A5・304頁・本体4600円

材料強度解析学 基礎から複合材料の強度解析まで
東郷 敬一郎 著 A5・336頁・本体6000円

基礎強度学 破壊力学と信頼性解析への入門
星出 敏彦 著 A5・192頁・本体3300円

結晶塑性論 多彩な塑性現象を転位論で読み解く
竹内 伸 著 A5・300頁・本体4800円

高温酸化の基礎と応用 超高温先進材料の開発に向けて
谷口 滋次・黒川 一哉 著 A5・256頁・本体5700円

金属疲労強度学 疲労き裂の発生と伝ぱ
陳 玳珩 著 A5・200頁・本体4800円

金属の疲労と破壊 破面観察と破損解析
Brooks他著／加納 誠・菊池 正紀・町田 賢司 共訳
A5・360頁・本体6000円

金属の高温酸化
齋藤 安俊・阿竹 徹・丸山 俊夫 編訳 A5・140頁・本体2500円

鉄鋼の組織制御 その原理と方法
牧 正志 著 A5・312頁・本体4400円

鉄鋼材料の科学 鉄に凝縮されたテクノロジー
谷野 満・鈴木 茂 著 A5・304頁・本体3800円

金属の相変態 材料組織の科学 入門
榎本 正人 著 A5・304頁・本体3800円

材料の速度論 拡散，化学反応速度，相変態の基礎
山本 道晴 著 A5・256頁・本体4800円

材料における拡散 格子上のランダム・ウォーク
小岩 昌宏・中嶋 英雄 著 A5・328頁・本体4000円

再結晶と材料組織 金属の機能性を引きだす
古林 英一 著 A5・212頁・本体3500円

基礎から学ぶ 構造金属材料学
丸山 公一・藤原 雅美・吉見 享祐 共著
A5・216頁・本体3500円

新訂 初級金属学
北田 正弘 著 A5・292頁・本体3800円

アルミニウム合金の強度
小林 俊郎 編著 A5・340頁・本体6500円

表示価格は税別の本体価格です．

http://www.rokakuho.co.jp/